中国传统服饰

儿童服装

中国艺术品典藏系列丛书

王金华 著

中国纺织出版社

内 容 提 要

中国传统儿童服饰丰富多彩、制作精良、寓意深长，寄托了母亲深情的祝福和期盼。

本书精选了两百余件各式儿童服饰藏品，包括儿童衣裤、肚兜、云肩、褙裆、坎肩、围涎、鞋帽等。作者以图文并茂、夹叙夹议的形式，介绍了藏品的款式造型、材料工艺、色彩纹样，并从历史和民俗的角度，解读了传统儿童服饰的审美意义和民俗特色。

本书呈现了大量的实物照片，形象生动，并配以必要的文字说明，具有较高的研究和鉴赏价值，有利于读者了解、学习传统儿童服饰文化，并从中借鉴和创新，以弘扬民族优秀传统文化，推动行业的长足发展。

图书在版编目（CIP）数据

中国传统服饰. 儿童服装／王金华著. --北京：
中国纺织出版社，2017.1
　　（中国艺术品典藏系列丛书）
　　ISBN 978-7-5180-2783-5

　　Ⅰ.①中…　Ⅱ.①王…　Ⅲ.①服饰文化—中国②童服
—介绍—中国　Ⅳ.①TS941.12②TS941.716.1

中国版本图书馆CIP数据核字（2016）第166318号

策划编辑：李春奕　　责任编辑：魏 萌　　责任校对：寇晨晨
责任设计：何 建　　责任印制：王艳丽

中国纺织出版社出版发行
地址：北京市朝阳区百子湾东里A407号楼　邮政编码：100124
销售电话：010—67004422　传真：010—87155801
http：//www.c-textilep.com
E-mail：faxing@c-textilep.com
中国纺织出版社天猫旗舰店
官方微博http://weibo.com/2119887771
北京雅昌艺术印刷有限公司印刷　各地新华书店经销
2017年1月第1版第1次印刷
开本：635×965　1/8　印张：42.5
字数：430千字　定价：398.00元

慈母巧针线，童子身上衣

中国自古有"衣冠王国"的美誉，拥有丰厚的服饰文化遗产。童装是中国传统服饰的重要组成部分，其以款类丰富、工艺精湛、内涵深厚而独具特色，承载着中华民族对生命的理解和对幸福的祈盼。童装包括衣、裤、鞋、帽、坎肩，以及儿童特有的肚兜、围涎（口水兜）、褙褡等服饰用品，这些服饰无一例外地用精美的织绣和丰富的图案精心制作而成，表达了寄托于精神层面的对美好生活的向往。这种丰富和精彩源自中国人重视生命延续、祈盼人丁兴旺的传统观念，瓜瓞连绵、子孙满堂、多子多孙多福已成为人们虔心向往的美满生活和普遍追求的人生价值观。

人类对于安康幸福、子孙昌盛的渴求，如同这个世界一样久远。中国先民崇拜天地，视自然万物为神灵。当他们仰观天象、俯察大地，出于对自然的感知与想象，以及渴望神灵庇护、追求生活美好的愿望，于是便产生了丰富的民俗信仰。这种民俗信仰深刻地影响着中华民族的服饰习俗，并最终演绎出丰富的象征性图案，因其具有吉祥如意的美好含义，故又被称作吉祥图案。这些吉祥图案是人世间奔涌千年的沧海，照彻古今的明月，四季华茂的常青树，永久流淌的不老泉水；这些吉祥图案是人类对美好希望的憧憬，对吉祥幸福的渴求，是人类世代相传的祝福。对于中国先民而言，他们的信仰、他们的历史、他们对生活的理解都在其中。

千百年来，神奇的吉祥图案作为童装的主题装饰，在中国传统服饰中占有重要的地位。古人喻吉祥图案"图必有意，意必吉祥"，借蝠寓"福"、借鹿寓"禄"、借鱼寓"余"，以牡丹芙蓉寓意富贵荣华，榴开百子比喻百子千孙，蝙蝠、蟠桃、石榴组合象征多福、多寿、多子，盘长纹也叫万代盘长，寓子孙绵延之意；或将吉祥字语纳入装饰图案中，如麒祉呈祥、福禄寿喜、长命富贵，还有凤穿牡丹、麒麟送子、连生贵子、喜鹊登梅、三元及第、如意云头等。这些吉祥图案都饱含着福禄长寿、美满人生的祝福。

虎的造型是中国民间"镇宅保安康"的主题纹样。在山西、陕西一带的民俗中，艾虎用于镇五毒，保护孩子不受五毒侵害，故童装中常见有虎头帽、虎头鞋、虎头肚兜和虎头围涎等。生男孩绣上山虎，生女孩绣下山虎，陕北一带娃娃过周岁时绣对虎，意在保佑孩子平安长大。绿色的布虎也有辟邪寓意，因绿与"禄"谐音，故有"福禄"之意。狮子也是童装中常见的吉祥瑞兽，有辟邪、纳福、生子等民俗文化内涵。狮子有文狮子和武狮子之分，文狮子有阴柔之美，用于守护娃娃；武狮子有阳刚之气，

用于镇宅。陕北有这样的歌谣："对对狮狮对对莲，二十二三儿女全。"

在中国传统习俗中，孩子出生后要做诞生礼，至亲长辈、亲友都会前来赠送精美的鞋帽衣装，祝贺生命的到来，还有满月礼、三朝礼、抓周礼，均以赠送衣物贺礼表示祝福之意。其中，一些服饰须由外婆或舅娘馈赠，如长命锁寄托长命百岁的祈盼，五毒纹肚兜表示护身保平安的愿望，百家衣赋予托百家之福的祝喻，虎头帽显示勇敢无畏，公子帽象征知书达理，狗头帽寓意易于养育。生男孩被称为"弄璋之喜"，伴随男婴出生的是以服饰寓意的吉言赞语，如冠上加冠、三元及第、马上封侯等吉祥图案都饱含着美好前程的期盼。孩子的出生融合了两家的血脉，外婆的祝福也维系了两家的亲情。吉祥图案赋予儿童服饰丰富的象征寓意，这些充满子嗣绵延、福禄长寿、吉祥富贵等与生命繁衍相关的文化符号，在人生礼仪中呈现，具有深深的祈福愿望。

旧时的中国女性，从小就穿针引线，无论是富家千金还是贫家女子，十几岁已练就娴熟的织绣技艺，谙知各种图案造型及其吉祥寓意，其精湛的织绣技艺被誉为中国女红。儿童服饰是中国女红表现的重点，母亲运用刺绣、挑花、补花、织花等工艺，借助线条的色彩美和图案的律动感，一针一线地绣出诗情画意般的视觉美，把这种根深蒂固的艺术形式表现得淋漓尽致，为孩子构筑一个美好祥和的童年世界。可以说，儿童服饰不仅是精美的女红创作，更是弥足珍贵的母亲艺术。这些闪烁着母爱之光的创造物，以天长地久般的母爱，祈求孩子平安成长，道尽了天下母亲对心中挚爱的殷切期盼。笔者视书中的每一件儿童服饰都如同艺术作品，因为其不仅绣工精美、文化深厚，是母亲用自己慈爱的心和灵巧的手为孩子创造出来的美丽礼物，更是因为生命和母爱自古以来便是人类艺术表现的永恒主题。

传统服装中唯有儿童服饰最能体现深厚的母爱，人们相信绣在其上的美丽花纹可庇佑其子孙昌盛，具有生命守护的精神功能，因而儿童服饰既是孩子的衣物，也是孩子的护身物。即使是贫困家庭的母亲也要为自己的孩子做上几件绣有吉祥图案的衣服、肚兜、坎肩、围涎等衣物。这些关爱儿童成长的吉祥图案，似乎听得到呼吸，看得到微笑，温暖了有爱在心的母亲和孩子。每一件象征吉祥美好的儿童服饰，都是母亲善良美好的心血结晶。

我们相信，美好的事物是一份美好的快乐。正如王金华先生自己所言，这些美好的祝福和传说以及这三十余年来的收藏

研究，使他的人生充满快乐。王先生心怀对传统文化的热爱，长期致力于传统服饰的收藏研究，保护这一珍贵的民族文化瑰宝，尤其是倾注了三十多年的心血来收藏研究中国传统儿童服饰，并撰写成书。在传统文化已离我们渐行渐远的当代，王先生以自身的文化自觉和对传统文化的熟知，在书中深入浅出地详解儿童服饰中的民俗文化和图案中的吉祥寓意，实为难能可贵。

如果把传统文化比作一座青山，那么我们留住青山，便是留住人类文化基因库里源源不断的薪火，传递给后世一盏永远的明灯。期待传统服饰的研究、保护和弘扬，也能代代相传，生生不息，兴旺发展！

杨源

2016 年 6 月

杨源

　　中国著名服饰文化研究专家，国家非物质文化保护工作专家委员会委员，中国妇女儿童博物馆副馆长、研究员。多年来，致力于中国传统服饰文化的研究，编著出版有《中国民族服饰文化图典》《银装盛彩·中国民族服饰》《中国服饰·百年时尚》《中国织绣服饰全集·少数民族服饰卷》《与手艺同行·特种工艺》《中国西部民族文化通志·服饰卷》《祥和吉美·中国服装三百年》等著作。

细针密缕，慈母情怀

儿童服饰是母爱的第一乐章，已在广博的中国大地上毫不动摇地演奏了几千年。

母爱是母亲的本能，甚至在动物世界也不例外。母亲不但能够在危急时刻毫不犹豫地保护自己的孩子，更能用最纯真甚至忘我之爱，细致入微、无怨无悔地给予孩子关怀和呵护。

这些聚显母子亲情的传统儿童服饰，是笔者多年的收藏，在郁闷和高兴的时候，都会把它们拿出来细细地品味。这些可爱的肚兜、云肩、围涎、老虎鞋、老虎帽等上面的图案、故事，令人深感母爱的伟大、无私。母亲对孩子的爱，是孩子永远报答不了的恩情。正如古诗所描述的："临行密密缝，意恐迟迟归。谁言寸草心，报得三春晖。"这些儿童服饰以实物的形式展示了母亲对孩子爱的轨迹。东西虽已陈旧，但母爱依旧鲜亮，藏品固然斑驳，但情怀永不染尘，时光虽已过百年，却仿佛就在昨天。本书选录的儿童服饰，历史印记厚重，尽管有些只是民国或新中国成立前后的服饰，却记录了历史的沧桑，每一针每一线都诉说着父母和家族对孩子的关爱，都凝聚着人类对生命的崇尚和特有的审美视角。其形制之生动，色调之艳美，无不展现着彼时、彼地、彼人的艺术素养。

笔者倾情三十余年收集了各种传统儿童服装及穿戴小物品。一路走来，无时无刻不被深含在其中的淳朴情愫和艺术精髓所鼓舞，为了广诉心语，一连几年倾尽心力以自己的藏品为基础，终成专著。

对于儿童服饰，本来没有单独出书的计划，只是选出一些放入中国传统服饰的系列图书中。可中国纺织出版社的专家和领导觉得有些可惜，认为笔者的这类藏品既多又好，鼓励单出一册，以弥补此类书籍的市场空缺。笔墨之劳已经多年，笔者欲就此歇笔。但作为一名有责任的收藏家，自觉肩负着弘扬传统文化、丰富收藏宝库的社会责任，几经思考，又重振精力再接再厉。

本书主要以展示近代、清代和民国传世服饰藏品为主。而数量以山西、陕西的为多。因为笔者在山西插过队，又在山西临汾铁路局工作了近二十年。借铁路的便利，笔者走遍了山西的山山水水，加深了对中国民俗文化的热爱。在中国，这类藏品很多，笔者的藏品也只是沧海一粟，但图片在同类书籍中属量多品佳，而且极具代表性，能够让读者从中领略中华民族传统儿童服饰文化的艺术魅力和中华文明的博大精深。

随着科技和观念的发展以及西方服饰的涌进，传统服饰渐渐淡化，但是淡化只是减少，并没有绝迹，在中国这块沃土上，人们对这些儿童服饰一直钟爱有加，是任何现代时尚服饰都不能替代的。因为其上缺少了美好的寄语和那些耐人神往的故事，还有那美好吉祥寓意的图案。中国讲究："不孝有三，无后为大"，婚姻大事和生儿育女，在任何时代、任何民族都是最受关注的大事。所以当孩子呱呱坠地来到这个世界上，衣服就紧贴着孩子的身心，而这些衣服也伴随着他们一天天成长。为了更好地使孩子顺利成长，我国有很多符合儿童生理、心理特性，通过穿戴对儿童进行呵护、培养、启蒙的民俗。其实中国人从一生下来，就已经开始接受传统民俗文化的洗礼。满月后要剃满月头，到了周岁时要抓周，也称"抓生"，预卜孩子的前途。三岁以下的小孩要穿"五毒衣"，可以消灾免病，健康成长。

小孩会走路时，母亲给孩子穿上虎头鞋、戴上虎头帽，虎头虎脑令人喜爱。在云南少数民族孩子诞生礼俗中还有"日光浴"，也称"拜太阳"，传说太阳是一位女神，孩子沐浴了阳光就能幸福吉祥。在我国各地都有各地的风俗习惯，还有"挂红绸""穿百家衣""吃百家饭"等很多有关生养吉祥的习俗至今不减，仍旧继承着那些古老的风俗。

对理想的追求，对恶习的鄙薄，对病魔风险的诅咒，表现在各种生活用品和各种小孩穿戴的衣饰上。这在本书的很多纹样中得到了体现。

尽管有的纹样抽象、稚拙，但无论是憨态可掬的姿态，还是简洁粗犷的造型，表现在这些穿戴饰物上，是足够厚重的，耐嚼、耐看、耐回味。在民间老百姓的生活中，他们时时刻刻感受当地的民风民情，按照祖训的教导，根据当地的习俗，生活在一方天地里。旧时，"男人跑州又走县，女人围着锅台转"。除了烧菜做饭，女人还要拿起针线，绣一辈子绣不完的活，生儿育女，相夫教子，伺候公婆，最后熬成婆才算有了地位和权利。千百年来默默生活在山区农村的母亲们，很多都没出过远门。笔者于1968年插队时，当地有些人连火车都没见过。为了看火车，农闲时几个人歇上一天专门去看火车，当站在高高的山冈上看到火车驰来、听到火车的鸣笛声时，竟激动地喊到"我见到火车了"，可见他们的天地有多大。但刺绣艺术往往就是在这样的环境中成长起来的。

改革开放后，笔者一直搜集民间手工艺刺绣品。几十年无数次采风，无数次行旅跋涉，不知寻访了多少村村庄庄，不断思索探究收获，终有幸著成此书，权当是对天下母亲的刺绣文化而感戴的寸草之心吧。

儿童服饰作为母爱的证物，具有深厚的民俗思想和艺术底蕴。虽然著书很费精力，但能为华夏文化增添一部专门反映儿童服饰的书，能让更多的爱好者看到它，也算圆了笔者一个多年的梦。写了这部书，献给祖国，献给喜欢它的读者和朋友们。

王金华

2016 年 2 月

目　录

帽 鞋 杂项

织绣品

老照片

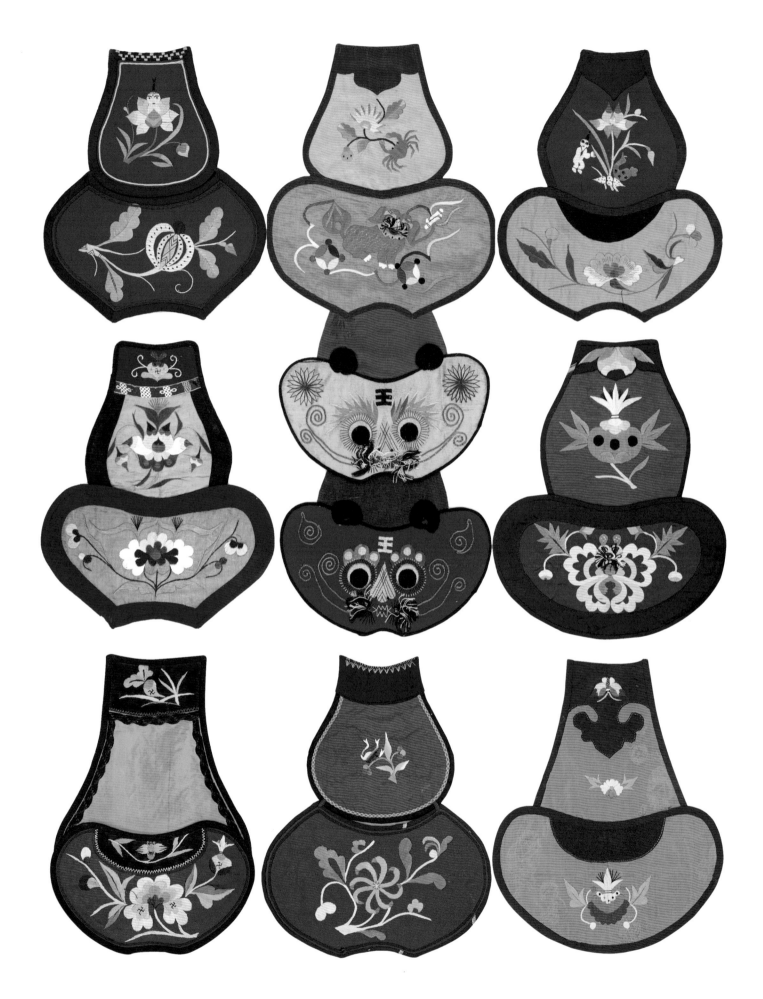

十式平针绣葫芦形肚兜

浅谈儿童服饰

（一）

由于笔者酷爱民间艺术，从 20 世纪 70 年代末 80 年代初就对中华民俗文化产生了浓厚的兴趣。最早第一件藏品应该要从一副小小的耳套说起，那是上山下乡插队第三个年头的冬季赶大集逛街，在人群里发现一个老奶奶耳朵上戴着一副桃形有绣花的东西（当地人叫护耳），感到很好奇，便问老奶奶卖不卖。老奶奶说："这娃要这干甚？"忙回说自己喜欢，觉得好玩。老奶奶问："你给多少钱？""您说多少就多少。""那给一块钱吧……"于是笔者痛快地给了她一块钱。如果说这副耳套只是前奏，那么拉开大序幕的就是从这副小小的耳套开始了笔者人生对民俗文化的第一件收藏。紧跟着就是老虎鞋、老虎帽、小肚兜、小围涎、小裆裤等不断地涌进来，一些老年人翻箱倒柜地把那些压箱底、新中国成立前的袖珍小饰品找给笔者看，从此便一发不可收拾。

后来结束了六年的插队生活，分配到临汾铁路局工作，由于铁路上的方便，为笔者创造了一个走南闯北的条件，当时临汾铁路局管辖的铁路线从太原的榆次至南同蒲线的风陵渡，几乎都留下了笔者的足迹，看民房、观古斋，成了生活中最重要的事。哪里有大集、庙会，次次不落空，尤其是晋中的太谷、祁县、平遥、介休、灵石及祁县的祁家大院不知去了多少回，平遥的古城墙上去了多少回已记不太清，因为笔者的工作地点就在太谷，上下班去维修线路都要经过这些县城。平遥的牛肉、太谷的饼是当地的土特产，在山西是很有名的。晋中地区有着悠久而深厚的文化积淀。

祁家大院被拍成了电视剧，平遥的城墙是中国现存最完好的四大城墙之一，被列为世界遗产。包括那些原汁原味的民宅，那古朴浓郁的民俗。而山西省的民间刺绣就是其中之一，笔者的很多刺绣品就是来自这个地区，刺绣成为当地人生活中不可或缺的一部分，还有那些银簪钗、银长命锁、银戒指、银手镯、银耳环等几乎家家都有，赶集、逛庙会的地摊上经常有些老头、老太太摆出来售卖，笔者即是购买者中的一个。

在北京，没上山下乡之前，有个集邮的爱好，而且很上瘾，有点钱就往北京王府井集邮公司跑，但自从爱上民间收藏，比集邮还过瘾，但因为种种原因，集邮是半途而废了。民俗文化的收藏从开始至今已有三十个春秋，却始终没有停下，从好奇到好玩，从好玩到辞掉了工作，从经营文化到传播文化，以至到今天不断地发表著作，这个瘾玩得大了，放不下啦，而且这个瘾到现在还没过足。

今天写的这部书是笔者多年积累的素材，一看到这些儿童饰品，就会心潮澎湃，感慨万千，一个个吉祥的图案，一个个活泼可爱的纹样，那"虎镇五毒"的小肚兜、那坐在莲花上的"莲生贵子"、那五彩线绣的"瓜瓞童子"、那裂开口的"石榴百子"、那手拿莲花的"麒麟送子"、那手抱鲤鱼的"年年有余"与"五子夺魁"的故事，还有"两个儿童捧石榴"的宜男多子图，吉祥的画面，祝福的词语，那种牵肠挂肚的祝福，那种人类对生存的希望和要求，都透视着人间的真爱和对生活的美好希冀。凝视这些美丽动人的刺绣纹样，抚摸着柔滑的丝丝线线，在密密麻麻的针线中寻找着情与爱，欢与乐，还有那美丽的梦，真是一针情来一线爱，绣出了似水柔情，而在这些贴身的儿童小衣物上，寄托着母与子深深的情感。有很多都是孩子还没有出世，母亲就在怀孕的时候已经把这些小衣物绣好了。

（二）

这书虽然是一部传统儿童服饰的书，但实际上也是歌颂母亲的书。

母亲二字，是天下最亲切的称呼。笔者想是不是应该将这些为孩子们绣的小服饰称为"母亲的绣品"。因为这些儿童饰品无不闪烁着母爱。一针针想着绣着，孩子们冷了怎么办？是不是做厚点？热了怎么办？是不是再薄点？针针想的是儿女，线线想的是儿女，一心想的都是儿女。

这些朴实的作品，展示出那个时代劳动妇女的慈爱心灵。那是凝神静气的作品，并非追求经济收入而绣的作品，不是为迎合市场的商业产品，而是真真切切的母子之情，它是真正超越时代的美，不管再过多少年都是一件永恒的艺术品，它饱含的是母子情。这些儿童服饰虽然不像古董、古玩那样值钱，但永远是母亲对儿女愿望的寄托，是最生动的中国文化。收藏在民间，乐趣亦尽在民间。

尤其是书中收录的一些小坎肩，虽然有的已不那么鲜亮了，但是不减当年的美丽，有些甚至还有点污秽，但原来的本色仍存。带"连生贵子"图案的有好几件，但不是出自一家之手，虽都叫连生贵子，绣工的技术却有高低之分，其他很多的艺术品都是如此，百花齐放可以促进工艺的不断进步，令这些作品更加异彩纷呈。刺绣是一门手艺，更是一种文化，是在织物上穿针引线构成图案色彩的手工艺术品，它与中华民族的历史有着千丝万缕的联系。在"男耕女织"的古老习俗中，女子大门不出二门不迈，在那诉不尽重重女儿心事的绣楼里，度过她们的青春年华，只能将所有的情爱和梦想都放在针线上。一直沿袭了数千年的手工刺绣已逐渐离我们远去。随着社会不断地发展，机械化的普及，手工刺绣越来越少，过去的这些古老的刺绣品在民间可以说很难再觅到。在"文化大革命"中，笔者亲眼看到一些老刺绣品被堆起来，说是"破四旧"一把火烧成灰烬。当时尚在读初中的笔者想不通，这些刺绣品怎么会是"四旧"呢，不光是刺绣，无数的艺术品不是烧了，就是砸了。这些打砸，当时出现在很多城市，大城市仿佛更厉害一些，偏远的农村相对好一些。1968年为响应党的号召务农插队，又见到了这些幸免于难的刺绣品，如获至宝，而且有的保存得非常好。中国目前刺绣市场的主要来源：①广大的农村城镇、当年没受到太大冲击的地方和较偏远的山区（可能还能淘到点，只是可能）。②他国异乡（在民国和新中国成立后，很多刺绣品流落异乡，当今所说的"海外回流"指的就是那些他国异乡回流的艺术品，而且大都相极好）。③国内真正酷爱刺绣艺术的爱好者、收藏家和经营刺绣的行家，包括各大院校师生、研究服饰、刺绣的专家学者（他们手里也有一些刺绣品）。

本书中收集的这些儿童小服饰多来自农村。人生是那么的不同，农村作为农耕经济的基础，作为中国社会结构的底层，农民终身束缚在脚下的那块土地上，精神生活也同样更多地被历史所积淀下来的文化土壤所包围着。广大农村的生活总是呈现出平缓单调的慢节奏、安静古朴的旧面貌，在这样的劳动生活中人们养成了吃苦耐劳的品质，仿佛涓涓的流水流淌在每日的生活中，不紧不慢，平平淡淡，却又忙碌充实着，这是笔者在农村插队体会到的第一感觉，在这样的环境里，妇女们拿着针线做着她们所想的针线活。天凉了，给孩子们做个虎头帽；天热了，给孩子们做个小背心；冬天到了，做厚点；夏天来了，做薄点。总是绣不完的活儿，有的绣虎，有的绣猫，还有的绣猪。最初，笔者并不理解绣猪是啥意思，等慢慢知道了，弄懂了才知猪的寓意，才理解农民们为什么绣猪，为什么给小孩戴猪围涎、穿猪头鞋、睡猪枕头，只知道虎是辟邪的，原来猪在农民家中起着至关重要的作用。

猪是农家宝，十二生肖之一。家禽、家畜是农民家庭中重要的生活来源，猪是农民家家户户都要养的家畜。

当地有句格言"富不离书，穷不离猪"。因山西和陕西是近邻，陕西等地也有这样的格言。古时秦晋两国人民就相互往来，很多风俗都一样，以"羊肉泡馍"为例，一样的调料，一

样的做法，山西人说山西的好吃，陕西人说陕西的好吃。还有面，陕西的刀削面和山西的刀削面都闻名全国。再看民间刺绣文化，山西的和陕西的刺绣很难分辨，都是乡土气息浓郁，各有千秋，但总觉得，要从精细上来说山西的比较精细。两省的民间刺绣，尤其是儿童服饰品很相似，亦很难分辨清楚。笔者想，都是同根同祖的文化，干吗要分得那么清楚呢。就拿猪枕、猪头鞋、猪围涎来说，都是山西和陕西当地的主要民俗，不管到哪个村、哪座山，再穷困也要养一头猪，因为生活补贴，离不了它。

撇开猪是古老的"图腾"不谈，人们还是从猪体外表上发现了一点什么或还包括了一种人生哲理意味，是笨还是贱？但在民间常常有这样的说法，命越贱越有生命力，好养活。如果从这层意义上讲，就不难理解为什么人们心甘情愿地用猪的形象装饰自己的孩子了，不怕他"命贱"，只愿他获得"长生富贵"的前途，这也是朴素且好理解的辩证观吧。

猪在吉祥图案中的寓意是富有，"猪"与"诸"谐音，"诸事如意"象征家族兴旺、富有。类似的题材如"肥猪拱门"，多为肥猪驮"摇钱树""聚宝盆"或"五谷丰登"图，是丰收年和送财添福之寓意。书中婴儿用的围涎绣"虎"的，为护佑辟邪；绣"鱼"的，盼望年年有余；绣"石榴"的，希望多子多孙；绣"虎镇五毒"的，是在端午节时驱虫害的；绣"猪"的，祈求"诸事如意"……围涎大多都用剪贴绣技法绣制，面料有绸、有缎，还有的是粗布，剪出理想的形状，然后再缝合成形。

（三）

书中那些可爱的小坎肩，又称背心，是为孩子挡风遮寒之用，有夹有棉，有前后两面都有绣工的，也有只是背面有绣工的，本来就是为了给孩子们遮冷之用，却将上面绣满了吉祥花卉，各种小动物、飞鸟家禽和人物故事，而这些花卉、飞鸟、小动物都有着吉祥如意的寓意，也是母亲的爱子之心。牡丹花代表富贵，菊花代表安居乐业，灵芝代表如意，梅花预兆吉祥喜庆，兰花是爱情的象征，荷花出淤泥而不染素有花中君子之称，水仙花被称为"桃女花"，等等，把这些花绣在小孩的衣装上都是对美好生活的祈盼和寄望。

还有动物纹中的"鹿"象征着长寿，公鸡站在鸡冠花边象征着官上加官，松鼠吃葡萄象征着多子。狮子、老虎都被称为百兽之王，可以镇邪去祟；麒麟是美德的象征，是送子的神物。

尤其是在这些刺绣品中凤纹是运用最多的图案，它是百鸟之尊，故而"伦叙图"中以凤凰喻君臣之道。

龙，是我国传统中最大的神物，也可以说是最大的吉祥物。它无一刻离开过中国人的生活，它与凤构成了中国的龙凤文化，可见龙在中国人的心中所占的地位是极其重要的。

还有那些飞鸟、小爬虫、蝴蝶被视为会飞的花，它们总是与彩蝶纷飞、繁花似锦紧密地联系在一起。在中国民间四大爱情故事之一"梁祝"中，化蝶的情节感人至深，它表现了民间的至爱至美，同时蝶恋花也符合夫妇之义，所以蝴蝶与花卉，占据了吉祥图案中最多的篇章。

蜘蛛，在吉祥图案中是报喜的动物，它从蛛网上沿一根蜘蛛丝往下滑，表示天降好运，因此民间称蜘蛛为亲客、喜子、喜母等。

鹤，在中国文化中占有很重要的地位，它与仙道和人的精神品格有密切的关系，被称为"一品鸟"，地位仅次于凤凰。明清官服的补子纹样，文官一品均为仙鹤。

鸳鸯，古人称之为匹鸟，其形影不离，雄左雌右，飞则同振翅，游则同戏水，栖则连翼交颈而眠，因此，鸳鸯被认为是祝福夫妻幸福美好的吉祥物。蝙蝠是一种能飞翔的哺乳动物，是人们用在中国传统吉祥图案中最多的一种，因为"蝠"与"福"同音，在中国，蝙蝠成为好运气与幸福的一种吉祥物。两只蝙蝠绣在一起，表示能得到双倍的好运气。五只蝙蝠绣在一起，表示五种天赐之福，这五福就是长寿、富裕、健康、好善和寿终正寝。

喜鹊，在古代曾被称为"神女"。先秦时代，人们认为喜鹊具有感应预兆的神异本能。"易卦"称"鹊者，阳鸟，先物而动，先事而应"。民间传说中牛郎织女每年农历七月七日鹊桥相会，《风俗通》云："织女七夕当渡河，使鹊为桥"，后来称沟通男女姻缘为架鹊桥。人们将听见喜鹊当头叫意为有喜事来临。把喜鹊当作报喜的吉祥鸟，其意义就体现在日常生活中的刺绣上。

鱼和人类的关系十分密切。在长期的历史发展中，人们形成的有关鱼的观念，以各种方式体现在民间艺术等方面。鱼在中国始终活跃在文化生活中。俗传在绢帛上写信而装在鱼腹中传递，就是所谓的"鱼传尺素"。这种用鱼传递的书信也叫"鱼书"。书信又有"鱼笺"之称。古时又有"鱼符"，也叫"鱼契"，是类似于虎符的信物。也正是这些历史故事给鱼附上了一些神秘色彩，使它成为吉祥物所迈出的第一步，因此后世人们都将鱼视为吉祥物。例如"连年有余（鱼）"寓意生活富裕美好。又如"双鱼吉庆"，这种吉祥如意图案在汉代铜镜上就

有使用。民间还有"鲤鱼跃龙门"，说的也是"鱼化龙"的故事。"如鱼得水"，是人们常常用来描绘一对新婚夫妇生活幸福和谐的词语，鱼与水就是爱情生活和谐的象征，也是最常见的结婚礼物。"鱼戏莲""金玉满堂"等很多关于鱼的图案，不但在上层社会使用，在民间更是广泛普及，美好的图案、吉祥的寓意是人类共同追求的目标，只有普及化、民俗化才能成为中华民族传统的一个大文化。

在收藏界这个古典文化圈子里，很多人总是以钱论长短，而这些很生活化的刺绣小品很难进入他们的眼帘，尤其对一些玩古董、古玩的人根本瞧不上眼，认为这些刺绣品远不如古董古玩值钱。可正是这些刺绣小品中的文化与吉祥寓意养育了一代又一代人。中华民族是一个勤劳的民族，中国的老百姓是善良的。在科学、医学不发达的古时候，为了让儿女平平安安地健康成长，老百姓才虔诚地信天、信地、信各路神仙。为了生活，为了辟邪，为了保平安，哪路神仙也不敢怠慢，哪路神仙也惹不起。将吉祥纹样细致地融入生活用品，以安慰自己，获得某种平衡。因此，也就有了"中国民族文化""土根文化"和"乡土文化"。尽管不像古董古玩那么值钱，但它是中国传统文化的组成，而且是相当大的一部分，也就是人们常说的衣食住行，"衣"为首。

这套"中国艺术品典藏系列丛书"，既介绍了各类服饰的精美与细腻，也歌颂了其背后的美好寓意。阅读之后，就会了解吉祥图案中的花鸟鱼虫、飞禽走兽等各类动物以及人物故事在其中的作用，它是人们精神上的食粮，不论贫富和地位，都是人类共同向往追求的目标，也是中华民族刺绣文化最文明的表现。把它绣在各种服饰上是对美的追求，无论是大人的，还是小孩的，都反映出创作者的审美理念、丰富情感和美好情怀。无论是精细的绣工，还是粗犷的抽象，无论是宫廷贵族的，还是平民百姓的，虽面料上不同，价值上相差霄壤，但绣上去的都是吉祥如意，都洋溢着人们对幸福生活的渴望。尤其是儿童的服饰，是母亲对孩子成长的牵挂，对孩子前途命运的祝福。因此，将富有吉祥寓意深长的花鸟鱼虫、飞禽走兽、美丽而动听的传说故事绣在上面，就是期盼着孩子能够健健康康茁壮成长。实际上孩子从生下来就已经开始接受中国这些古老的传统文化了，而这种文化已经在中国这块土地上毫不动摇地演奏了几千年。

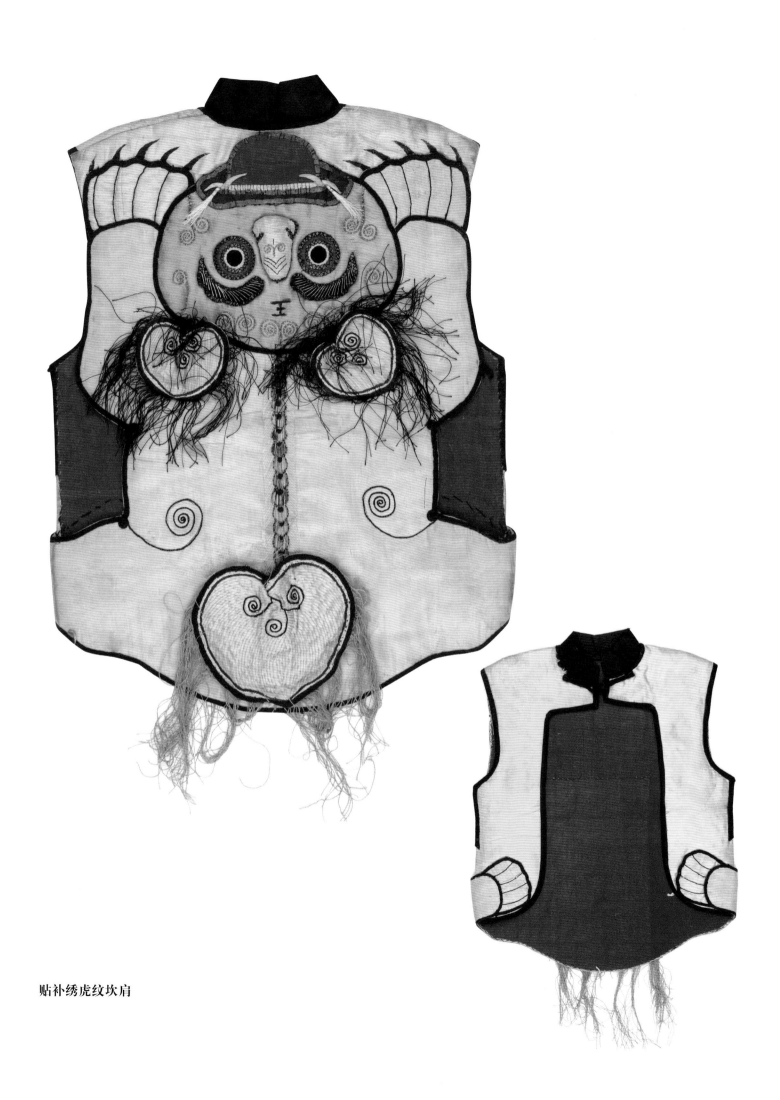

贴补绣虎纹坎肩

衣裤

【正面】

黄缎地龙袍

年代　清代中期
地区　北京
尺寸　通袖长 110 厘米　衣长 85 厘米　下摆宽 60 厘米

　　这是一件清道光年间的小龙袍，极为珍贵。
　　清代距今并不遥远，传世龙袍还可以见到，但多是大人所穿的龙袍，儿童小龙袍传世极少，即使在收藏龙袍的行家手中，也是寥寥无几。

【背面】

　　小龙袍绣九龙，其中一条在底襟上，衣身上有八条，为两肩、前胸、后背各一，下幅前、后各二，从正面或背面看，都只能看到五条龙，称为"九五之尊"。龙袍底部又饰以海水江崖及八宝纹，有延绵不断、一统江山、万世升平之吉祥寓意。清代龙纹姿态主要有正面龙、侧面龙、升龙、降龙、出水龙、飞龙、子孙龙（也称拐子龙）等。龙纹在封建社会虽是帝王少数人专用，但作为装饰艺术而言，数千年来，劳动人民创造了多种威武雄壮、气势磅礴的龙纹图案，为装饰民族艺术发挥了重要作用。龙纹是中国传统文化的象征，龙是神学政治最重要的工具。由此，后世将最高统治者称为"真龙天子"。所谓飞龙在天，犹如圣人之在位，都被冠以"龙"字或命名为龙，称子孙为"龙子龙孙"，称女婿为"乘龙快婿"，从服饰袈被到画稿，从宫殿到寺庙，从皇室器具到皇室成员衣着用品的图案都有龙，龙子穿龙袍的形象也极多见于绘画中。

　　这件小龙袍就是皇室家族神学政治最好的标志，其他民间儿童服饰是不能与之相提并论的。

【正面】

棕缎地缂丝龙袍

年代 清代中期
地区 北京
尺寸 通袖长 155 厘米 衣长 104 厘米 下摆宽 84 厘米

【背面】

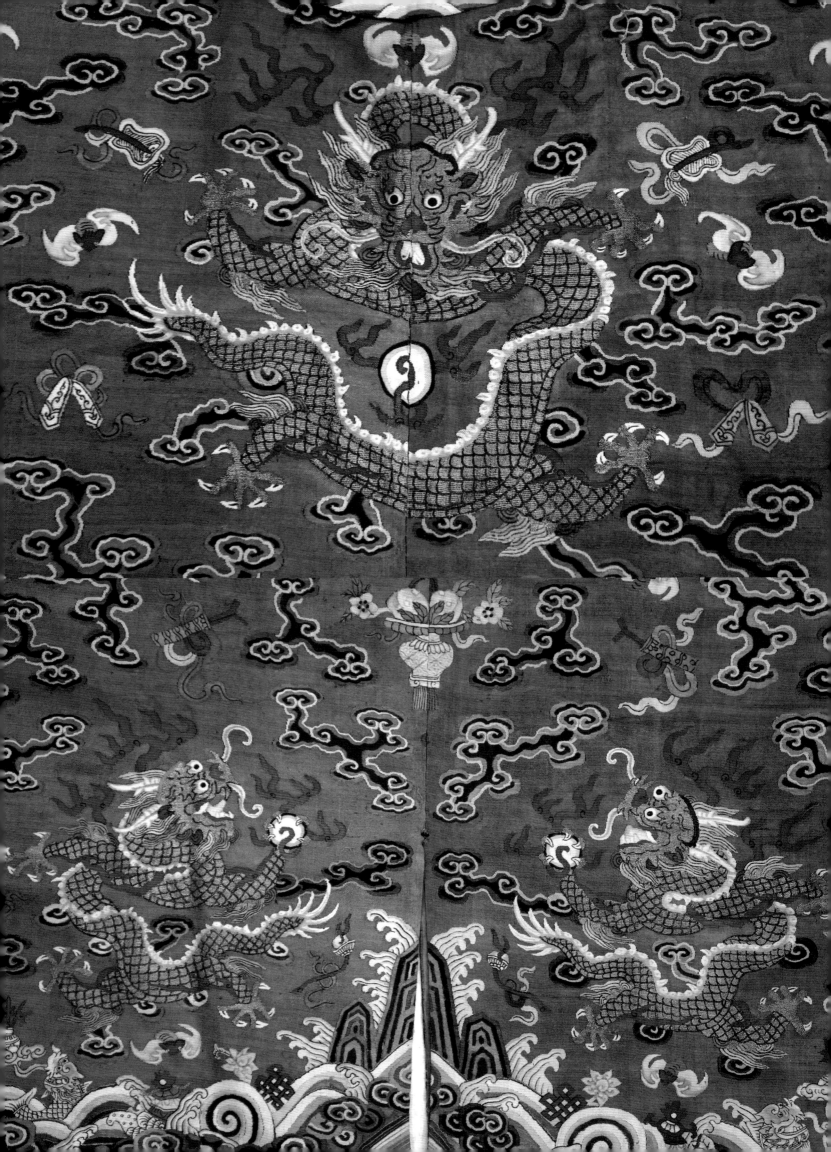

【正面】

蓝地缂丝龙袍

年代 清代晚期
地区 北京
尺寸 通袖长130厘米   衣长90厘米   下摆宽72厘米

这件缂丝小龙袍大概也就是七八岁的儿童所穿。

由于清代晚期多年的战乱，宫廷的腐败，权力的斗争，加上国外势力的侵略，不平等条约的签订等，造成中国经济不断衰退，与康乾时期无法相比。龙袍已没了早中期的那种精致，少了很多神韵。工艺上也粗糙许多，没有了曾经腾云驾雾、祥云翻滚的磅礴气势。

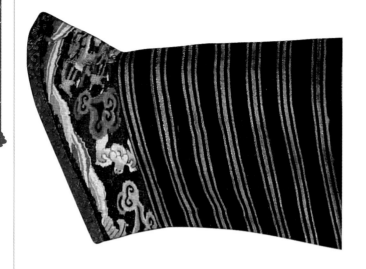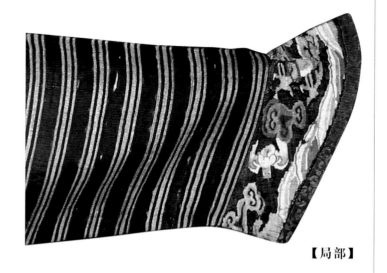

【局部】

【背面】

【正面】

【背面】

平针盘金绣红缎地龙袍

年代　清代晚期
地区　北京
尺寸　通袖长 155 厘米　衣长 78 厘米　下摆宽 84 厘米

【正面】

【背面】

红缎地龙纹童袍

年代　清代
地区　北京
尺寸　通袖长 106 厘米　衣长 73 厘米　下摆宽 55 厘米

【正面】

红缎地鲤鱼跳龙门右衽上衣

年代　清代晚期
地区　北京
尺寸　通袖长 103 厘米　衣长 67 厘米　下摆宽 55 厘米

　　"鲤鱼跳龙门"是传统吉祥纹样。龙门在山西河津和陕西韩城之间，跨黄河两岸，形如门阙。相传夏禹治水时，在这里凿山通流。鲤鱼跳龙门常作为古时文人通过科举高升的比喻，千百年以来，中国人一直把读书与日后入仕途、飞黄腾达、位极人臣的憧憬相联系。金榜题名意味着开始吃皇粮，享有俸禄，可以过荣华富贵的生活。这种官禄代代相传的观念，一直为世人所向往，至今不衰。

　　这件童装展现的是典型的祈禄文化，也是父母的心愿，天下哪个父母不愿自己的儿女成龙成凤呢？孔子说："学也，禄在其中矣"，他以精辟的语言，将读书的功利主义批注得明明白白。

　　这件衣服的下部绣的是"鲤鱼跳龙门"，上部绣的是"龙凤呈祥"，类似这样的传统图案不光在衣装上常见，也表现在各种器物或其他饰品中。

【正面】

【背面】

黄缎地万字纹盘金绣右衽幼儿上衣

年代　清代
地区　北京
尺寸　通袖长 72 厘米　衣长 45 厘米　下摆宽 36 厘米

【局部】

该衣的图案由"卐"字纹与龙纹组成，内衬写有纪念款，是一件非常讲究、带有贵族气的幼儿衣服，于清代光绪年间，由卐字符连续绣成。卐字符为古代的一种咒符，是吉祥的符号，也是佛家的一种标志。卐字符读音为万，寓意吉祥延绵久远之意。卐字符还能衍生出各种几何纹，有曲水卐字、曲水丁字、曲水香字和各种锁纹，广泛运用在各种装饰图案中，最突出的就是在各种建筑的门窗隔扇中使用最多，也是中国织绣中常用的纹样之一。

【正面】

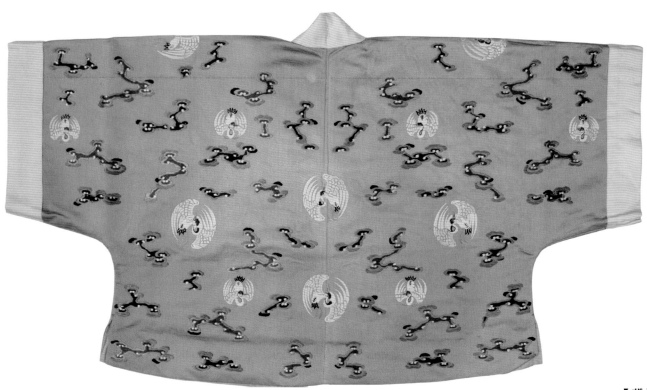

【背面】

黄缎地祥云鹤纹对襟幼儿上衣

年代　清代
地区　北京
尺寸　通袖长 77 厘米　衣长 40 厘米　下摆宽 55 厘米

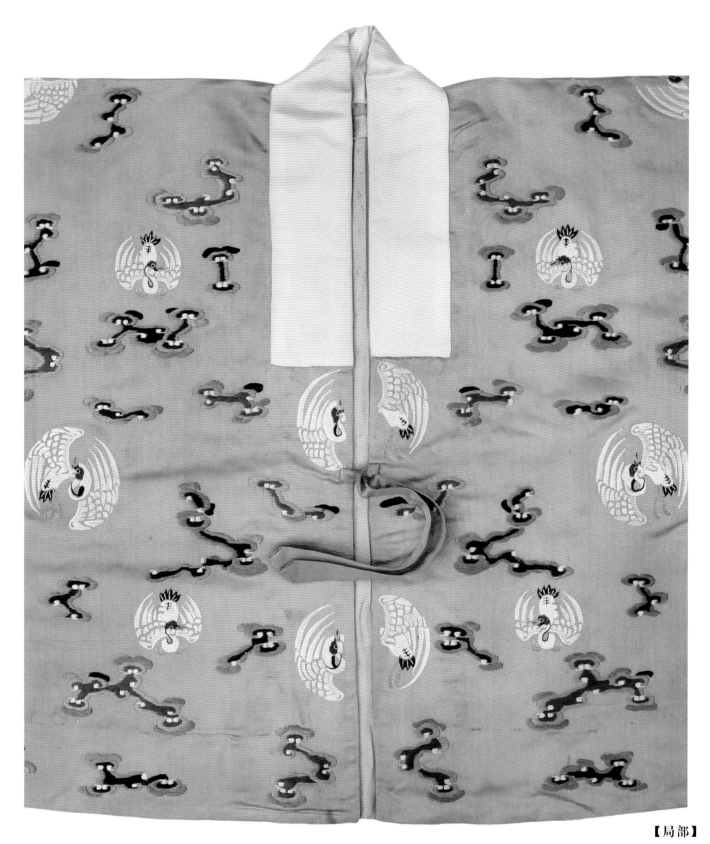

【局部】

　　该衣满布祥云，宽袖、对襟，也是一件很有贵族气的幼儿装。祥云在传统图案中是吉兆的表现。

　　在祥云中有仙鹤飞翔。仙鹤象征长寿、富运长久，是鸟类中最高贵的一种鸟，代表长寿、富贵、健康，是传说中的仙禽。有"鹤寿千年"之说。鹤还有一品鸟之称，意为一品当朝或高升一品的意思。明清时期，官服上绣有代表官员等级的补子，鹤纹补子为一品文官。因此，这件幼儿衣服有祝颂官运亨通之意。

　　这是父母对孩子美好未来的期盼，也是一个氏族对孩子美好未来的期盼。

【正面】

蓝地如意团花纹对襟上衣

年代　清代
地区　北京
尺寸　通袖长 94 厘米　衣长 60 厘米　下摆宽 67 厘米

【背面】

　　在中国服饰文化中，无论是大人还是儿童的服装上，常常是如意纹饰最多，它在明清时代最为时尚，也最为普遍。

　　生活中顺心如意的事，能唤起人们对美好生活的憧憬。如意图符成为中国民间吉祥符号的重要原因，它有顺心如意、万事如意、事事如意的吉祥寓意，尤其是明清时期的服装更为突出。基于这种现实观，中国人把如意的吉祥寓意转移到衣装上，是美好心愿的表达。用如意吉祥符护佑自身，形影不离，其用意在于点明主题，在衣装上营造出一派喜庆如意的吉兆氛围。

【正面】

【背面】

平针盘金绣凤凰花卉纹对襟上衣

年代　民国初期
地区　北京
尺寸　通袖长 90 厘米　衣长 60 厘米　下摆宽 45 厘米

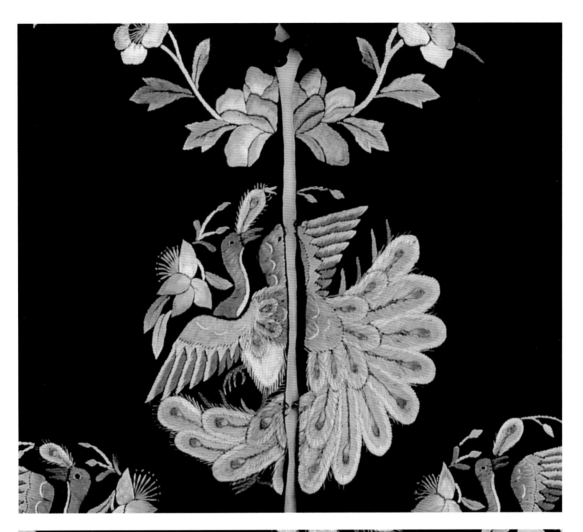

【正面】

【背面】

平针绣凤穿牡丹纹右衽上衣

年代　民国
地区　河北
尺寸　通袖长 70 厘米　衣长 60 厘米　下摆宽 52 厘米

平针绣花鸟动物纹右衽上衣

年代　民国
地区　河北
尺寸　通袖长 86 厘米　衣长 60 厘米　下摆宽 50 厘米

【正面】

【背面】

衣裤

【正面】

【背面】

平针绣花卉纹喜相逢对襟上衣

年代　民国

地区　河北

尺寸　通袖长 85 厘米　衣长 58 厘米　下摆宽 42 厘米

【正面】

【背面】

平针绣黑绸地花卉纹对襟上衣

年代　民国
地区　山西
尺寸　通袖长 105 厘米　衣长 60 厘米　下摆宽 50 厘米

【正面】

【背面】

平针绣蓝缎地花卉纹对襟上衣

年代　民国
地区　山东
尺寸　通袖长 70 厘米　衣长 50 厘米　下摆宽 40 厘米

【正面】

【背面】

平针绣红绸地花卉纹右衽系带上衣

年代　民国
地区　山东
尺寸　通袖长 70 厘米　衣长 50 厘米　下摆宽 40 厘米

【正面】

【背面】

平针绣红绸地花卉纹右衽系带上衣

年代　民国
地区　北京
尺寸　通袖长 65 厘米　衣长 50 厘米　下摆宽 42 厘米

【正面】

【背面】

黄缎地右衽上衣

年代　清代晚期
地区　北京
尺寸　通袖长 88 厘米　衣长 65 厘米　下摆宽 60 厘米

红缎地暗八仙纹右衽系扣上衣

年代　民国
地区　山西
尺寸　通袖长 80 厘米　衣长 46 厘米　下摆宽 36 厘米

　　八仙、暗八仙在中国称得上家喻户晓，是最受民间喜爱的吉祥神群体之一。他们的传说故事先后见于唐宋文人的记载，但他们凑成一班是在元朝，而且班子的人也不是一下子定好，至明代吴元泰《东游记》始定八仙：铁拐李（李玄）、汉钟离（钟离权）、张果老、蓝采和、何仙姑、吕洞宾（吕岩）、韩湘子、曹国舅（曹景休），并沿用至今。八仙并不是一个时代的人物，但他们的组合让世人觉得合情合理，十分圆满，且八位神仙各有所长。受到社会各阶层的赞誉。
　　八仙吉祥图有两种，一种是八仙人物，一种是八仙所用的法器。这件衣服上的纹样为八仙所用的器物，因此称为暗八仙。

【正面】

【背面】

紫缎地暗花纹右衽系扣上衣

年代　民国
地区　山西
尺寸　通袖长 82 厘米　衣长 50 厘米　下摆宽 45 厘米

【正面】

【背面】

蓝绸地如意纹上衣

年代　民国
地区　北京
尺寸　通袖长 100 厘米　衣长 48 厘米　下摆宽 43 厘米

　　这件儿童衣服上没有绣工，仅以如意纹作为较简单的装饰，但意义深刻。如意是一种象征吉祥的器物，头呈灵芝或云形，供摆设，也是玩赏之物，寓意做什么事情或者想要什么东西都能够如愿以偿。

　　如意还是佛家用具之一，和尚宣讲佛经时，常持如意，记经文于其上，以备遗忘。如意为"八宝之一"，它可用作一般馈赠，也可用以祝寿、贺礼。

衣
裤

【正面】

平针绣花卉纹套装

年代　民国

地区　河北

尺寸　上衣通袖长 55 厘米　衣长 40 厘米

　　　裤长 35 厘米　裤口宽 12 厘米

【背面】

　　这款小套装，应是婴儿百日的礼品。婴儿出生一百天，称"百禄"，也就是百日福禄。旧时，因医疗条件不完善，婴儿能活过百天就是幸事，所以中国人都给婴儿"过百天"也就是"过百岁"，亲朋好友在这天都来庆贺。民间有这样的贺词："依着柳，靠着斗，小孩活到九十九"。这种衣裤套装应该是20世纪20～30年代的样式，叫娃娃服。

平针绣粉缎地花卉纹套装

年代　民国
地区　北京
尺寸　上衣通袖长 60 厘米　衣长 42 厘米
　　　裤长 40 厘米　裤口宽 15 厘米

【正面】

衣裤

平针绣红缎地花鸟纹套裤

年代　民国

地区　山西

尺寸　裤筒长 40 厘米　裤口宽 15 厘米

　　这种套裤的颜色多为红色，其余还有蓝色、粉色、紫色等，均为较鲜艳的花卉纹，绣工多是平针绣，其他省区很少见到这种套裤。主要分布在山西的运城地区。虽然绣工不很精致，却很新颖，极具民间色彩。

　　在过去的农村和乡镇，裤子主要分为两种：套裤和合裆裤。合裆裤是完全包裹住下半身的裤子，也叫"缅裆裤"，缅裆裤沿用的时间特别长，虽然西式裤的出现已成为主流，但目前在我国的很多地方仍有穿着缅裆裤的遗风。套裤只有两个裤筒，并无裆部。套裤在中国历史悠久，一直流行至民国时期，实用、保暖、耐磨，又极具装饰性。

　　套裤用料少，装饰性强，在我国很多地区，尤其在农村，很受人们的喜爱。但男孩的套裤往往无绣工，只有女孩的套裤有绣工。套裤不单只是小孩穿用，中老年人都能穿，但中老年人一般均用黑色，且无绣工。

平针绣红缎地花卉蝴蝶纹套裤

年代　民国
地区　山西
尺寸　裤筒长 36 厘米　裤口宽 15 厘米

　　类似这种带绣花纹的套裤，多为比较大的女孩穿，也有年轻媳妇穿用。这种裤在山西的晋南地区多有穿用，笔者1968年插队当知青时还看到有人穿这种裤子，也有老年人穿套裤的，但都以黑色底为主，不带绣花。季节以秋冬雨季为主，套在棉裤外面当装饰，因此这种套裤的裤腿都比较宽。

　　花卉纹样是中国传统吉祥纹样中最主要的一类，亦与鸟虫纹等组合使用，运用范围广泛，几乎涉及中国传统文化的各个领域，在刺绣上的表现多之又多。蝴蝶被人们视为美好吉祥的象征，恋花的蝴蝶寓意甜蜜爱情和美满婚姻。因此，蝶恋花的图案适用于各种吉祥饰品中。

平针绣蓝缎地一路连科套裤

年代　民国
地区　山西
尺寸　裤筒长 38 厘米　裤口宽 16 厘米

　　这件套裤上的纹样由鹭鸶、荷叶、芦苇还有莲花构图。"一路连科"在吉祥图案和很多艺术品中是最为常见的图案。"鹭"与"路"谐音，"裸"与"科"谐音，"莲"与"连"谐音，莲花一棵连一棵地生长，寓意"连科"。在古代科举制中考生连续考中称为"连科"，故以此寓意科考连接、仕途顺畅。

平针绣红缎地菊花纹套裤

年代　民国
地区　山西
尺寸　裤筒长 40 厘米　裤口宽 18 厘米

平针绣福寿纹童裤

年代　民国
地区　河北
尺寸　裤长 50 厘米　裤口宽 16 厘米

平针绣狮子纹婴儿连脚裤

年代　民国
地区　河北
尺寸　裤长 43 厘米　裤口宽 12 厘米

坎肩

【正面】

多种绣法卡拉呢人物纹一字襟坎肩

年代　清代末期
地区　福建
尺寸　肩宽 25 厘米　衣长 42 厘米

　　小孩坎肩，有夹、棉两种，是为孩子遮挡风寒之用。由于地域的不同，称呼也不同，有称背心、马甲、坎肩、坎肩儿等。古时也称半臂，南方多称背心。

　　坎肩有前、后都有绣工的，有只是背面绣工的，还有前、后都是素面的，但材料、颜色等选择都很讲究，五颜六色，五彩缤纷。本来素面已很好，能起到保暖就行了，但母亲再绣上花、绣上人物、绣上瓜果、绣上那五彩缤纷的图案，既精致又漂亮，就成了一件艺术品，可那却是母亲的一片爱子之心，是对一个小生命来到世上的关怀，可怜天下父母心。因此，天下最值得尊重的就是父母。

【背面】

　　类似这种红呢地毛料在清乾隆到光绪年间一直都很走俏。小到坎肩、衣袍，大到四五米长的喜帐、寿帐，在嘉庆到道光年间不但流行而且时尚，据说这类毛料是当年从俄国进口而来的，颜色有绿、蓝、黄、红等，最多的就是红呢，名叫"卡拉呢"。

　　这件坎肩通身以打子绣、钉线绣、平针绣等针法绣制。纹饰为古代征战和行军场景，场景分上下两层。衣身正面纹饰的下层为出行图，上层为搏杀战场；背面均为搏杀景象。不同的是，上为步军斯杀，下为马上格斗。无论是人物、马匹，还是器械、令旗等，都是人传神、物逼真，恰似一幅绘画。通过刺绣的形式，在有限的空间内描绘出如此丰富的军旅场面，的确令人惊叹。

【正面】

多种绣法卡拉呢花卉纹一字襟坎肩

年代　清代末期
地区　福建
尺寸　肩宽 26 厘米　衣长 41 厘米

【局部】

【背面】

坎肩

寿字莲花纹拼布长坎肩

年代　清末民初
地区　吉林
尺寸　肩宽 30 厘米　衣长 60 厘米

　　民间是创作的源泉，民间是服饰文化的大课堂。很多服饰艺术来自民间，给我们留下了宝贵的资料。
　　这件坎肩的拼布纹给人一种既民俗又雅致的趣味感。似是鱼鳞纹，又似海浪纹，中间一朵莲花，下面是卍字长寿吉祥文字，整个构图设计朴素而巧妙。前身以长长的形式护住胸、腹，盖住双膝，甚至到脚面。而后身只遮住后背，一看就是为孩子精心设计的童衣。它以人为主体而存在，以民众生活为依托，实际上就是民间生活的呈现。常见的拼布多为方形，称为水田衣，而这种多纹饰的拼布却很少见。朴素大方还实用，作为一种艺术，它来自民间的创造，来自中华文化的土壤。

平针绣瓜瓞绵绵肚兜式坎肩

【正面】

年代 　清代末期
地区 　山西
尺寸 　肩宽 30 厘米 　衣长 35 厘米

　　这是一件非常新颖的肚兜式坎肩，既能当坎肩穿也能当肚兜用，正面绣有传统图案。

　　这件小衣服的造型新颖、别致，从创意上有别于其他肚兜风格。肚兜的下角比后身长，紧紧盖住肚脐，避免儿童肚腹受凉。既好看又实用，而且很得体。红缎地的肚兜上绣有牡丹花，牡丹代表富贵，有"国色天香"之称。

　　欧阳修赞牡丹曰："天下真花独牡丹"。牡丹是富贵荣誉的象征，自古就深受人们喜爱，而且瓜与蝶也是这件坎肩的主题，因为"瓜"与"娃"谐音，用谐音来讨个吉利。如南方人吃"发菜"，就是认为"发菜"能"发财"。在中国有很多地区，有不育妇女于农历八月十五晚上到地里偷抱南瓜的习俗，以抱来"南瓜"就是抱来"男

【背面】

娃"之意。在北方人结婚时，铺床之人都要给新娘新郎被褥里放些枣、栗子、花生等，寓祝其"早立子"或"早生子"，就像过年都要吃鱼、年糕，意为"年年有余""年年高升"。

　　中国民间的民俗生活相当丰富，而且都有着祥和之意。利用吉祥饰物的同音同声喻出美好的寓意，实际上就是在讨吉言、求福寿。此类吉祥图案在中国艺术品中运用亦十分广泛。所以中国人的生活清贫也好，富庶也好，总是过得欢欢喜喜、红红火火，于是这些传统文化伴随着人们的生活历经千年，流传至今。

坎肩

【正面】

珠子绣四艺雅聚梅花纹坎肩

年代　清代末期
地区　山西忻州
尺寸　肩宽 30 厘米　衣长 38 厘米

　　四艺，由古琴、棋盘、线装书和立轴画组合构成。琴棋书画是历代文人雅士必备的技艺与修养。它体现了天下太平、偃武修文的思想，象征人们安居乐业，具有清逸高雅的文化修养和品格。

【背面】

【正面】

平针绣长命富贵、猫戏牡丹坎肩

年代　清末民初
地区　北京
尺寸　肩宽 32 厘米　衣长 37 厘米

【背面】

这件坎肩由多种纹饰组合而成，有蝴蝶、长命锁、石榴、猫、松鼠和葡萄等。每一种具有美好寓意的纹饰都承载着母亲对孩子的爱，母亲将对孩子的呵护、期望、祝愿深深地融入了这件坎肩之中。

坎肩

71

【正面】

打子绣狮子滚绣球坎肩

年代　清代晚期
地区　北京
尺寸　肩宽 33 厘米　衣长 38 厘米

　　这件狮子滚绣球的绣工比其他的绣工精细很多，以打子绣绣成，上面有凤凰在飞舞，地上是双狮滚绣球，吉祥图案也可称"欢天喜地"。

　　中国人用狮子装饰各种饰品，是因为狮子有着很好的寓意。狮旧写作师，后因字义而分离为两个字后，民众又以狮谐师，以表示吉祥意愿。在明清两代的补服上就有狮子，是高官的代表，寓意官运亨通、飞黄腾达。因此民间舞狮，用来表示喜庆吉祥。

【背面】

【局部】

平针绣三娘教子、凤穿牡丹坎肩

年代　民国
地区　山西
尺寸　肩宽 30 厘米　衣长 38 厘米

　　"三娘教子"是戏曲故事，在中国民间广为流传。讲述的是明代儒生薛广，往镇江营业。家中有妻张氏，妾刘氏、王氏。薛广托同乡以白金五百两带与妻儿，不料同乡吞没白金，并谎称薛广已故。张氏、刘氏不能耐贫，先后改嫁，唯独三娘王氏春娥与老仆薛保含辛茹苦抚养刘氏之子薛倚哥。倚哥渐渐长大，知三娘不是自己的亲娘，故不服三娘管教，三娘气愤之下断机布教子。加上老仆的竭诚劝导，从此倚哥苦读诗书，终金榜题名。

　　这个感人的故事在民间被传为佳话，流传至今。

【正面】

打子绣如意牡丹纹坎肩

年代　清末民初
地区　山西太原
尺寸　肩宽 28 厘米　衣长 35 厘米

坎肩一般前身绣工很简单，而后身绣工多一些。孩子吃饭容易弄脏前身，所以工艺多表现在后背。

牡丹代表富贵，国色天香、雍容华贵，为群芳之首。自古被视为吉祥富贵之花，是富贵和荣誉的象征。

【背面】

平针绣花开富贵坎肩

年代　民国
地区　山西
尺寸　肩宽 28 厘米　衣长 38 厘米

　　民间的刺绣虽然没有四大名绣的名气大，但它以其久远的历史及鲜明的地方特色为人所瞩目，尤其是风格淳朴、色彩鲜丽、针法自如，显得无拘无束，敞开了心怀。
　　这件坎肩来自于民间，让人感觉亲切、细腻、温暖，不像宫廷的衣着有着严格的规制，小心翼翼，让人不能有半点马虎。

平针绣一路连科坎肩

年代　民国
地区　山西
尺寸　肩宽 30 厘米　衣长 38 厘米

　　"一路连科"主要是对学子们的祝颂，希望那些寒窗苦读的学子们在科举考试中一路顺利。古时科举是文人们进入仕途的必经之路。因此，金榜题名成为古时读书人最大的心愿。

平针绣连生贵子坎肩

年代　民国
地区　山西
尺寸　肩宽 27 厘米　衣长 35 厘米

　　坎肩正面为连生贵子纹，背面为蝴蝶戏牡丹纹。汉字有许多读音相同、字义相异的现象，利用汉语的谐音，可以作为某种吉祥寓意的表达，这是运用吉祥图案的一大特点，并且十分普遍。
　　连生贵子纹是中国民间最为流行的生育求子图案，寓意多子多福。

坎肩

【正面】

平针绣花开富贵、牛郎织女坎肩

年代　民国
地区　山西
尺寸　肩宽 28 厘米　衣长 34 厘米

　　这件坎肩正面为花开富贵纹，背面为牛郎织女纹。

　　"牛郎织女"源自一个古老的美丽传说。织女和诸仙女下凡游玩，洗澡时衣服被老牛指点的牛郎拿走，后二人结为伴侣。天帝闻知织女私自下凡后大怒，派天兵天将押解织女回天庭受审，老牛触断头角化作小船，牛郎携儿女腾云追上天庭，在与织女一步之遥时，王母娘娘拔下头上的银簪，划出一条滚滚的银河，将两人生生分开，牛郎织女依依不舍遥望相泣。喜鹊感动于牛郎与织女的真情，每年夏秋之际（农历七月初七），口尾相衔搭成一

【背面】

座鹊桥，让二人相聚。

　　据说织女奇能百巧，所以民间姑娘们就借牛郎织女鹊桥相会的机会向织女乞巧补巧。这种风俗早在汉代就已经开始。农历七月初七是古代姑娘们最向往的日子。每到这一天，她们设香火，置香果，暗暗祈祷，互相祝福，向织女乞巧补巧。

【正面】

贴补绣虎蝶纹坎肩

年代　民国
地区　山西
尺寸　肩宽 24 厘米　衣长 32 厘米

【背面】

【背面】

【局部】

坎肩

平针绣日进斗金坎肩

年代　民国
地区　山西
尺寸　肩宽 26 厘米　衣长 32 厘米

平针绣凤穿牡丹坎肩

年代　民国
地区　山西
尺寸　肩宽 31 厘米　衣长 36 厘米

平针绣花蝶鹿纹坎肩

年代　民国
地区　山西
尺寸　肩宽 23 厘米　衣长 31 厘米

　　"鹿"与"禄"谐音，所以鹿象征富裕。还有一种白鹿，也是瑞兽，常与人为伍。据传鹿能活千年，从满五百岁开始，其色变白，成为白鹿。传说道家鼻祖老子的坐骑就是一头白鹿。还有一种天鹿，身上五光十色，只有在天下君主实行孝道时，才会在人间出现。

　　人们视鹿为长寿的象征，在传统的祝寿画中，鹿常与寿星为伴。鹿在中国文化中占有相当重要的地位。鹿纹在商代的玉器上就已有使用，是较早出现的装饰纹样。

坎肩

百家拼布坎肩

年代　民国
地区　山西
尺寸　肩宽 28 厘米　衣长 38 厘米

　　用各色布片精心选择组合、手缝连缀起来的服装，俗称水田衣，因上面的布片连缀宛若水稻田之界，故名，也称百衲衣。

　　类似的这种儿童衣，也叫百家衣，或叫拼衣（意思是用小布片拼凑而成）。这样的百家衣在汉族人中是常见的衣装，也是汉族儿童喜爱穿的一种款式。种类包括褙褡、坎肩、长衣、短衫、围桌等。

　　这种类似的百家衣在陕西、山西、河北、山东、河南等地的民俗生活中十分盛行，不光北方盛行，南方很多地区也有此风俗。可见，这种衣装无论在北方、南方都有共识。这种共识都是希望孩子能健康成长，托百家之福，每一块布片象征来自一家的祝福。民间常说，从小吃百家饭、穿百家衣的孩子禁磕、禁碰、皮实、健康、托百家之福，孩子好养活。实际上，布片数有很多不到一百，百家只是一个象征数、吉利数，代表福气多，有百家在保佑这个孩子。

平针绣连生贵子镶边坎肩

年代　民国
地区　山西
尺寸　肩宽 27 厘米　衣长 37 厘米

【局部】

　　自古以来，中国人就向往着过美满富裕的生活。正因如此，吉祥物与吉祥图便应运而生，这些象征美好生活的创作，始终升华着人们的精神生活，既寄托了古人的理想，又传承了中国的文化，而这些文化在我们的生活中无处不在，也体现在我们的刺绣服饰中。

　　正如这件儿童坎肩上的吉祥图案，为喜闻乐见的连生贵子图，寓意子嗣兴旺、和谐美满。

坎肩

平针绣鱼跃龙门坎肩

年代　民国
地区　山西
尺寸　肩宽 24 厘米　衣长 33 厘米

　　鱼在人们心中是一种祥瑞的象征，鱼除了寓意富裕、年年有余，还具有很强的生殖能力，因此也是多子多孙的象征。
　　该图案为龙门下有一条鲤鱼高高跃起，似乎正要跳过龙门。古时人将考上状元称为"登龙门"，故用跃龙门来形容科举得中、金榜题名，这里也比喻望子成龙。

【局部】

平针绣金玉满堂坎肩

年代　民国
地区　山西
尺寸　肩宽 25 厘米　衣长 35 厘米

　　一个"金玉满堂"的图案传承了上千年，影响了千万家。
　　金鱼与金玉同音异声。"金玉满堂"出自《老子》："金玉满堂，莫之能守。"此处只用了上半句的吉祥语。金玉为珍宝统称，"金玉满堂"形容财富丰盛，也有用于称誉才学过人者。金鱼因色彩绚丽、雍容华贵，而深得人们的喜爱，"金鱼满缸"又与"金玉满堂"谐音，家家欣赏金鱼之神采，更喜欢金鱼之谐音，因此，"金玉满堂"的吉祥图案遍布于中国的千家万户，尤其在广大农村迎新春时，总是把这些吉祥语贴在院里的树上、门上、窗上、箱柜上，如"金玉满堂""荣华富贵""抬头见喜""满院生辉""事事如意""四季平安""喜报春光""连年有余""年年大吉"等。这些吉祥语无非都是为了人们心中的某种平衡，可见"吉利"关系到人们精神上的满足。

平针绣凤穿牡丹人物纹棉坎肩

年代　民国
地区　山西
尺寸　肩宽 26 厘米　衣长 36 厘米

　　这件儿童坎肩夹棉，避寒保暖。母亲在红地布面上精心刺绣五彩斑斓的花卉人物纹样，精致而美丽，寄托了母亲对孩子的一片深情和美好祝福。

平针绣蝶恋花镶边坎肩

年代　民国
地区　山西
尺寸　肩宽 27 厘米　衣长 38 厘米

　　有花的地方，就有蝴蝶在飞舞。作为吉祥纹样之一的蝴蝶，亦是吉祥图案中重要主题之一。它总是与繁花似锦紧密联系在一起，故而蝴蝶被用来描摹春光，表现美景。

平针绣花卉人物纹镶边坎肩

年代　民国
地区　山西
尺寸　肩宽 28 厘米　衣长 37 厘米

　　本书中有很多人物纹的图案，它是中国传统纹样中不可或缺的组成部分，是对人的自我肯定。作为社会主题的人，从审美意识和宗教意识诞生开始，便将人的形象用于器物的装饰上。

　　人物纹样的发展与人类社会的进步有着千丝万缕的联系。至明清年代，人物纹样中的形象越来越具体、生动，并在清代时民间人物纹达到了顶峰。人物纹有的是历史人物，有的是戏曲故事，如婴戏图、仕女图、三星图、群仙祝寿图、八仙图等，还有一些是地域形式的人物图案，这些人物图，给博大精深的中国文化增添了不少色彩。在民间风俗文化中，人物纹是不可或缺的图案，也是反映民俗文化的一个重要组成部分。

平针绣鱼戏莲镶边坎肩

年代　民国
地区　山西
尺寸　肩宽 28 厘米　衣长 40 厘米

　　这是一件女孩穿用的坎肩，也可叫背心，还可称肚兜，三种功能都有。上部纹饰为鱼戏莲花，下部纹饰为虎镇五毒，这种内衣主要出现在山西和陕西两地，既能护前胸，又能护后背。
　　旧时的女子，尤其在农村，无论天冷天热总是把自己包裹得严严的，决不会袒胸、露背。

平针绣萱草纹长命锁坎肩

年代　民国
地区　山西
尺寸　肩宽 29 厘米　衣长 32 厘米

　　萱草，俗称黄花菜，又叫金针菜、忘忧草或紫萱。《博物志》："萱草，食之令人好欢乐，忘忧思，故曰忘忧草。妇人有孕，佩其花则生男，亦名宜男草。"
　　旧时人们说想要男孩，就在堂院种萱草。古代主妇居室为北堂，北堂可种萱草，后来人们就直接尊称母亲为"萱堂"，主要是因为萱草"宜子孙"，象征吉祥的缘故。

平针绣松鼠葡萄纹坎肩

年代　民国
地区　山西
尺寸　肩宽 27 厘米　衣长 38 厘米

　　这件坎肩上的图案为堆叠厚密的葡萄果实和松鼠。松鼠、葡萄隐喻多子多孙，松鼠又是老鼠的变通，鼠在十二生肖中对应地支"子"位，故有鼠为子神之说。子神与多子的葡萄相结合，更加强了繁衍求嗣的寓意。

　　在民俗文化中，这样的图案深受人们的喜爱，如在瓷器、玉器、金银器、木雕等很多器物上都能见到，可见人们对它的喜爱程度之深。

平针绣虎蝶纹坎肩

年代　民国
地区　山西
尺寸　肩宽 26 厘米　衣长 38 厘米

　　这件坎肩上的蝴蝶和老虎图案都是民间人们喜爱的装饰形象。蝴蝶轻盈而美丽，是幸福和爱情的象征；老虎作为兽中之王，则是勇猛威武的象征，常常作为儿童的保护神，广泛运用于儿童服饰中。
　　蝴蝶和老虎图案沿用至今，和其他传统吉祥纹样一起，共同谱写着中国传统纹样史。

【背面】

平针绣人物狮虎纹坎肩

年代　民国
地区　山西
尺寸　肩宽 27 厘米　衣长 34 厘米

　　狮虎纹的结合主要是强化辟邪的诉求，因为狮虎都是勇猛力量的象征。有这两种勇猛吉祥物看护着，一切邪恶都不会欺负、侵犯，而一切善德将集于一身。
　　在山西和陕西地区，类似这样的小衣服是馈赠亲友最好的礼物。

平针绣虎镇五毒牡丹纹坎肩

年代　民国
地区　山西
尺寸　肩宽 26 厘米　衣长 33 厘米

平针绣虎镇五毒坎肩

年代　民国
地区　山西
尺寸　肩宽 29 厘米　衣长 34 厘米

　　在山西、陕西还有很多地区专有儿童穿着的"五毒背心"，这种民间风俗在北方最为突出。以五颜六色的缎料为底色面料，上面绣有蝎子、壁虎、蜘蛛、蜈蚣、蟾蜍五种动物纹样。因为从古至今民间传说五毒背心有"以毒攻毒"的作用，儿童或少年在端午节时穿在身上，祈盼他们能健康成长。

平针绣花卉猫抓老鼠坎肩

年代　民国
地区　山西介休
尺寸　肩宽 27 厘米　衣长 32 厘米

　　在中国的吉祥图案中猫是代表
长寿之意。吉祥图案"寿居耄耋""猫
戏蝴蝶""富贵耄耋""正午牡丹"
等都是与猫有关的主题。
　　猫在吉祥纹样中的寓意主要就
是长寿，但它还有一个最大的本领
就是抓老鼠，所以猫也是除四害的
英雄。

蓝绸地平针绣凤穿牡丹坎肩

年代　民国
地区　山西
尺寸　肩宽 30 厘米　衣长 36 厘米

坎肩

平针绣琴棋书画狮子纹坎肩

年代　民国
地区　山西闻喜
尺寸　肩宽 24 厘米　衣长 32 厘米

　　狮子的塑像至今仍可见。每逢佳节，舞动"狮子"是中国民间传统文化的内容之一。狮子，古称狻猊。据古书中记载可知，狮子比虎豹还要凶猛，因此也称狮子为百兽之王。
　　从古至今，宫殿衙署门外两旁都蹲有成对石狮、铁狮、铜狮，最初取义于镇宅驱邪，后来成为官府威慑力的象征性图腾。明清补服上绣狮子，为二品武官的标志。所以狮子象征权势、富贵，成了吉祥纹样，装饰在各种艺术品中。

四式平针绣狮子纹坎肩之一

年代　民国
地区　山西
尺寸　肩宽 22 ～ 25 厘米　衣长 32 ～ 34 厘米

花卉狮子纹坎肩

寿桃狮子纹坎肩

二式平针绣狮子纹坎肩之二

年代　民国
地区　山西
尺寸　肩宽 22～25 厘米　衣长 32～34 厘米

人物狮子纹坎肩

连生贵子狮子纹坎肩

平针绣多种动物纹坎肩

年代 民国
地区 山西
尺寸 肩宽 29 厘米 衣长 35 厘米

【正面】

平针绣连生贵子对襟坎肩

年代　民国
地区　河北
尺寸　肩宽 31 厘米　衣长 40 厘米

　　"连生贵子"纹样，因源自千家万户，故而形式、绣工有了差别，有粗有精，有高手低手之分，更有些手拙的，一看就是正在学习的新手，但寓意并无不同。每件绣品都倾注着人的情感，她们在上面描龙绣凤、绣花卉、

【背面】

绣山水、绣故事，施展技能，抒发情感，尽情创作。这就是劳动人民对美好生活的追求与期望，是真真切切的民俗生活，亦是鲜活的民间艺术与文化。

坎肩

【正面】

平针绣刘海戏金蟾对襟坎肩

年代　民国
地区　山东
尺寸　肩宽 33 厘米　衣长 40 厘米

　　吉祥图案中有很多老虎和儿童玩耍的吉祥纹样。虎是属虎人的吉祥物。据说虎通人性，曾经给人做过媒人。故事发生在唐乾元初年，吏部尚书张镐将女儿德容许配给裴冕的儿子裴越客，相约次年三月初三完婚。不料，张镐因选举不公被贬宸州。裴越客前往宸州时行程缓慢，恐误婚期。有一猛虎将原尚书之女张德容衔至裴越客旅居

【背面】

之处，两人遂成成连理。后来，贵州、陕西一带民间往往建筑"虎媒祠"以作纪念。凡到虎媒祠求姻缘者，虔诚祈祷，无不应验。

平针绣凤穿牡丹对襟坎肩

年代　民国
地区　山西
尺寸　肩宽 33 厘米　衣长 40 厘米

　　母爱是人和其他动物所具有的
本性。天下所有的父母没有不心疼
孩子的，故有"殚竭心力终为子，
可怜天下父母心"之句。书中这些
可爱的坎肩、背心上也浓浓地体现
着父母对孩子的情和爱。

【正面】

【背面】

【正面】

红绸地平针绣莲花纹坎肩

年代　民国
地区　山西
尺寸　肩宽 30 厘米　衣长 38 厘米

　　莲花也叫荷花，素有花中君子之称。荷叶之所以茂盛，因有肥大而盘根错节的地下茎——藕。在吉祥图案中称"本固枝荣"，寓意根基坚实、事业发达。夏日赏莲，冬月踏雪寻梅，是中国文人墨客的雅赏，所以备受文人们的喜爱，并为它吟诗作歌，抒发情感。但此图还有另外一番意义，花中有一鹭鸶，在吉祥图案中称为"一路连科"，寓意学子在科举中一路顺利。

【背面】

坎肩

【正面】

镶边琵琶襟棉坎肩

年代　清代
地区　北京
尺寸　肩宽 33 厘米　衣长 37 厘米

　　这件童坎肩是清末时期的棉坎肩（丝绵），上下左右镶花边作为装饰，为使坎肩穿起来结实还不起鼓，前、后两面又用针线密密麻麻绗缝固定，给人一种耐用、穿上轻松之感。

　　琵琶襟坎肩，是明清时代出现的一种满族和蒙古族最时髦的服饰，它的门襟边不延伸到腋下，而是从第二个纽扣的位置直通向下，但又不到底，然后又从第四个纽扣处再回到前中线，以对襟形式直通到坎肩底边，左前襟缺一块的部位与里襟扣合。蒙满人穿的坎肩还有一种叫一字襟的也很特别，就是把一排扣子缝在前胸的上部，一

【背面】

溜排开呈"一"字，所以称为一字襟（本书中收录有一字襟坎肩）。汉族也有大量穿坎肩的，但一般来说对襟的较普遍，其次为斜襟。

坎肩北方称"马甲"，南方称"背心"。用料有棉、裘皮、绸、缎、布等。因为穿在身上既美观、轻便又保暖，很受人们的喜爱，尤其是儿童穿用最多，但清代的满族喜欢穿在衫或袍之外。

【正面】

方胜盘长纹坎肩

年代　民国初期
地区　北京
尺寸　肩宽 33 厘米　衣长 38 厘米

　　这件坎肩做工相当讲究，采用的是流水纹加盘长纹。在民间，人们把流水看作是财，财像流水一样滚滚而来。当一梦醒来时，说梦中有水，人们会说财来了，所以说遇到水是好梦。
　　盘长为佛家"八宝"之一。按佛家解释，盘长"回环贯彻，一切通明"，本身含有事事顺、路路通的意思。再看其图案本身盘曲联结，无头无尾，无休无止，显示出绵延不断的连续感，因而被中国人用来作为吉祥纹样。

【背面】

　　对一个家族来说小小衣服给孩子穿上，代表连绵不断、世代绵延、福禄承袭、寿康永远，加上水，财富源源不断，是对美满生活的象征。很多大小衣服的扣子，都以盘长结的形式出现，就是取其美好的寓意，中华传统文化无处不在。

【正面】

流水如意纹对襟坎肩

年代　民国
地区　山西
尺寸　肩宽 33 厘米　衣长 37 厘米

　　如意是一种象征性的器物，用竹、玉、骨、象牙、木等制成。头呈灵芝或云形，柄微曲，供赏玩，后来人们把它放置在很多饰品和器物上，表示做什么事或要什么东西都能如愿以偿。在很多传世服饰上采用如意作为纹样，表达的也是这个意思。

【背面】

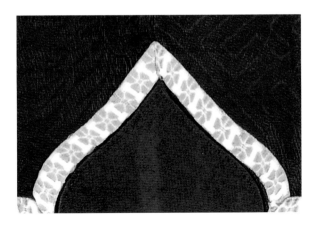

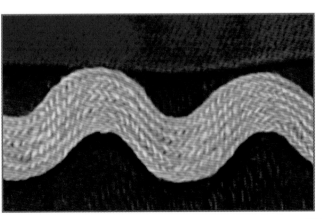

【局部】

【正面】

盘长纹镶边坎肩

年代　民国
地区　山西
尺寸　肩宽 27 厘米　衣长 34 厘米

　　这件童坎肩做完后就没穿过，从领口处就可以看出没沾过身。
　　虽然无繁缛的绣工，但以绦子花边装饰后，仍是一件很雅致的艺术品。在笔者收藏的这些儿童服装中，有很多都是压箱底和陈年老物，干净、整洁，品相极好。
　　这件小坎肩用的是吉祥纹中的盘长纹。盘长纹样是我国传统图案之一，应用于家具、石器、建筑、寺庙、宫

【背面】

殿最多，已是中国普遍的吉祥纹样或吉祥符号。作为连绵不断的象征，它承载着很多的美好寓意，世代延绵、福禄承袭、寿康永续、财富源源不断，以至于爱情之树常青，都可以用它来表达。盘长纹在中国已延续了上千年的历史，直到今天，盘长纹仍在千家万户中传承着。

黄绸地如意纹镶边对襟坎肩

年代　民国
地区　山西
尺寸　肩宽 31 厘米　衣长 37 厘米

　　如意还是佛家用具之一，和尚宣讲佛经时，常执如意，记经文于其上，以备遗忘。如意为"八宝"之一，可用作祝寿、贺婚。人们常常以如意赠老人，表示祝他"事事如意"；若把如意纹样绣在儿童衣服上，则表示孩子平安如意、顺利成长之意。

绿绸地如意纹镶边对襟坎肩

年代　民国
地区　山西
尺寸　肩宽 30 厘米　衣长 36 厘米

　　如意在吉祥图案中是最常见的吉祥纹样之一。如意在艺术品中用途很广，如画着童子或仕女手执如意骑在大象背上的图案，表示"吉祥如意"；画着和合二仙手执如意，或如意与盒子、荷花画在一起，表示"和合如意"。别看一个简单的如意纹，意义其实非常深刻。有关如意有着很多美好的故事，人们把它装饰在服饰上，是对美好生活的追求与憧憬，是人们精神生活的安慰与祈盼。因此，每件儿童服饰都是父母对儿女美满人生的一种寄托与祝福。

四式镶边坎肩

年代　民国
地区　山西
尺寸　肩宽 30 ～ 32 厘米
　　　衣长 35 ～ 38 厘米

　　镶边坎肩比较常见，有对襟、斜襟、琵琶襟等，虽然是民国时期的，但使用的材料有些却是清代留下来的。本书中很多坎肩都是这样，如左下位置墨绿色绸地镶边坎肩，大镶边上的绦子和绿丝绸上的祥云纹都属清代材料，尤其是上面的三蓝绣"八宝纹"是典型的清代料子。

浅绿绸地镶边偏襟坎肩

年代　民国
地区　北京
尺寸　肩宽 31 厘米　衣长 35 厘米

　　这件小坎肩没有绣工，是用三种纹样的花边来装饰的。右边用的是流水纹，下部用的是回形纹和蝈蝈花卉纹。其实，花边本身就是一种工艺，三种纹样都表示美好寓意。流水纹代表流进来的是财源；回形纹代表的是富贵不断；荷花素有花中君子之称，牡丹代表富贵，菊花代表安居乐业；蝈蝈喜叫哥哥，寓意多生男孩。中国织物上的花边就是一种艺术，花边的出现给服饰锦上添花，令各种服饰更夺目，也更光彩。

藕荷色地镶边琵琶襟坎肩

年代　民国
地区　山西
尺寸　肩宽 28 厘米　衣长 36 厘米

　　这些小坎肩虽已陈旧，但母爱依然鲜亮。藏品固然斑驳，但情怀永不染尘。
　　就拿这件很朴素的坎肩来说，可能是母亲在微弱的油灯下一针针、一线线缝制而成，每针都诉说着母亲对孩子的爱、体贴和期盼，都凝聚着人类对生命的崇尚和特有的审美观。天亮了，衣服穿在了孩子身上，而母亲却一整夜没有合眼。

粉缎地镶边对襟坎肩

年代　民国
地区　山西
尺寸　肩宽 29 厘米　衣长 35 厘米

坎肩

四式大镶边一字襟坎肩

年代　民国
地区　山西
尺寸　肩宽 28 ～ 30 厘米　衣长 34 ～ 36 厘米

　　每当看到这些小坎肩，就好像见到了那些活泼可爱的婴孩。同时，孩童时代的回忆逐渐浮现在脑海中。从这些儿童衣服中可以看出各地区人们活动的重要内容，是时代文化、地域风俗和社会状态的综合标志，是充满生机和动力的历史见证。作为一个支流，儿童衣服虽受传统道德、文化艺术、思想观念、礼仪规范和时代风俗的影响，但固有的品质依旧，以至于形成了多姿多彩、错综繁复的独有形式和解读。

紫绸地兰花纹一字襟坎肩

年代　民国
地区　北京
尺寸　肩宽 30 厘米　衣长 35 厘米

　　这件坎肩用浅紫色绸做地。衣身左右两侧用兰花作为点缀，既简洁又清雅。由于兰花叶态优美，花朵清雅素洁，自古就受人们的喜爱。人们希望子孙秉性如兰花般高雅，所以兰花和桂花用来比喻子孙"兰桂腾芳"，意指家运兴隆、子孙达官显贵。虽然只是一件平常的小衣服，里面却蕴含着深厚的文化。

【正面】

【背面】

平针绣狮子滚绣球对襟坎肩

年代　民国
地区　山西
尺寸　肩宽 28 厘米　衣长 36 厘米

　　坎肩也好，背心也好，它的纹样主要在后身，前身都是很简单的纹饰。
　　"狮子滚绣球"是在民间十分流行的装饰纹样。《汉书·礼乐志》记载，从汉代开始民间就流行舞狮子，这一文化至今经久不衰。这一纹样含有代代做官的寓意。

【正面】

【背面】

褙褡

五福捧寿褡裢

二式平针绣镶边褡裢

年代　民国
地区　山西
尺寸　长 21 ～ 24 厘米
　　　宽 20 ～ 23 厘米

　　褡裢有多种叫法，如背褡、褡护、背心、护肚、坎肩等，是一种无领无袖的小婴儿衣服。

　　褡裢有一片的，也有前后两片的。主要护前心、后心，以防孩子受凉。其中，前面多绣有刺绣图案，而后面不绣，也有前后都绣图案的。图案一般有动物、花草、人物等，花样五彩缤纷，十分抢眼而耐看，让人回忆起美好的童年时光。

　　这种小褡裢均是几个月的婴孩所用。其中图案有五只蝙蝠环绕一篆体寿字飞舞，"蝠"与"福"同音。蝙蝠在中国人心里是一种吉祥动物。民间把福、禄、寿、喜、财称为五福，以五只蝙蝠围绕一个寿字，寓意福寿双全。此图案中蝙蝠的"蝠"与"福"谐音，表达了祝颂福寿和吉祥寓意，是中国民间最常见的祝寿图案。

狮子滚绣球褡裢

平针绣冠上加冠镶边褙褡

年代　民国
地区　山西
尺寸　长23厘米
　　　宽21厘米

　　这种造型的婴孩褙褡在山西和陕西地区特别流行，在小孩还没有出生的时候，母亲就做好了。这些孩童绣品与各地方的民俗紧紧相连，并且都是出自农村妇女之手。褙褡为长方形，前后两片对称，在领口处挖有大小适合小孩穿的领窝，领窝以黑缎装饰小边，再用黑缎料饰大边，然后用带色彩的窄绦子边装饰其他部位，采用多层次的边饰使褙褡具有装饰美观的效果。

　　这样的小衣服穿在婴孩身上，前护胸、后护背，既方便又实用，而且给人一种非常可爱的感觉。

　　如果小褙褡上再绣些花卉、动物等吉祥纹饰，那就是一件更完美的民间艺术品了。

平针绣一路连科裙褡

年代　民国
地区　山西
尺寸　长 22 厘米
　　　宽 20 厘米

平针绣长命锁镶边裆褡

年代　民国
地区　山西
尺寸　长 23 厘米
　　　宽 22 厘米

　　中国人因为受传统观念的影响，对老祖宗传下来的各种吉祥纹样总是一代一代地继承流传下来，直到现今，仍然在一些偏远的山区和农村传承着、使用着这一古老的吉祥图案。

平针绣长命锁虎纹镶边褃褡

年代　民国
地区　山西
尺寸　长 22 厘米
　　　宽 19 厘米

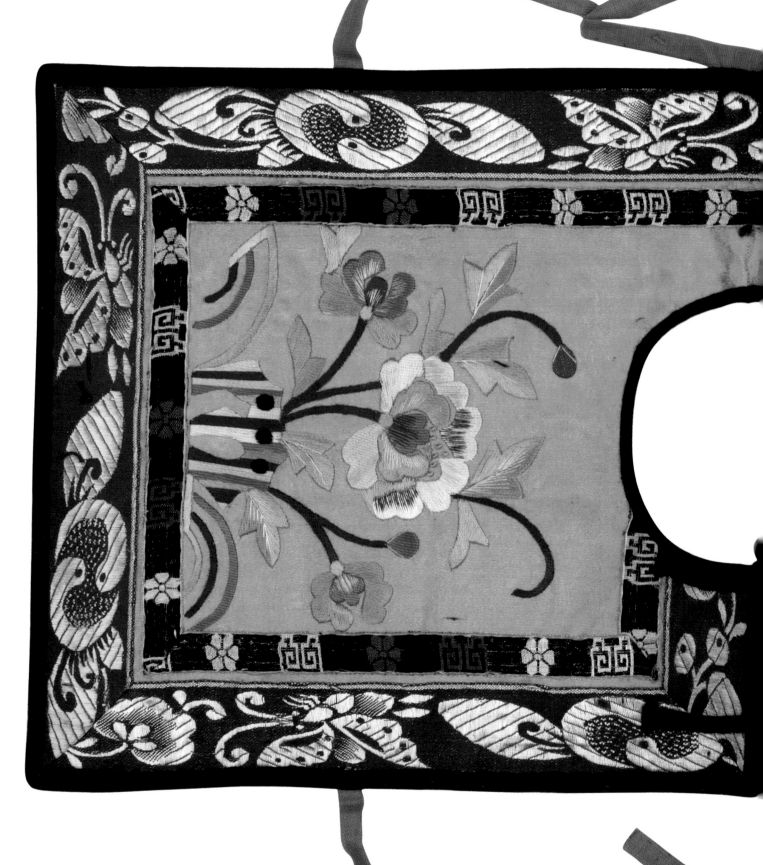

平针绣花卉纹镶边裙裙

年代　民国
地区　山西太原
尺寸　长 22 厘米
　　　宽 19 厘米

二式拼布裲裆

年代　民国
地区　山西太原
尺寸　长 25 ~ 27 厘米
　　　宽 22 ~ 24 厘米

贴补绣连生贵子裥褡

年代　民国
地区　山西
尺寸　长 22 厘米　宽 20 厘米

平针绣蝴蝶戏牡丹裲裆

年代 民国
地区 山西
尺寸 长25厘米 宽20厘米

平针绣凤穿牡丹裲裆

年代　民国
地区　山西
尺寸　长 22 厘米　宽 20 厘米

　　凤凰为传说中的神鸟，称为"百禽之王"。民间有"百鸟朝凤"之说，喻指君主圣明而天下依附，也喻德高望重者众望所归，故皇帝所用的车马有凤车鸾驾之称。
　　凤凰的形象美丽而高贵，有非竹实不食、非清泉不饮、非梧桐不栖的高洁品性，是象征幸福、吉祥、平安和驱邪的瑞鸟。于是在民间婚娶嫁妆中都有凤凰的图案，如被褥、门帘、盖头、桌围等，就连一对新人所穿的大红衣裤、鞋都用凤凰纹样来装饰。由于凤凰的吉祥寓意，很多人取名也都含凤字。

平针绣虎镇五毒镶边褙褡

年代　民国
地区　山西运城
尺寸　长 22 厘米　宽 19 厘米

　　给孩子的褙褡、围涎、肚兜上绣上蛇、蝎子、蜈蚣、壁虎、蟾蜍五种小动物，称为"镇五毒"或"五毒衣"。中国人认为老祖宗传下来的民俗文化是非常灵的，一方面辟邪驱妖，另一方面一旦有病毒袭扰能以毒攻毒，使孩子消灾免病，健康活泼地成长。民间还把"五毒"纹样绣在小手巾或荷包上，装在孩子的衣兜里或挂在童装上，都是一种求平安顺利的吉祥物。

平针绣花卉虎纹镶边裌褡

年代　民国
地区　山西运城
尺寸　长21厘米　宽22厘米

平针绣白兔灵芝镶边裁褙

年代　民国
地区　山西
尺寸　长 22 厘米　宽 21 厘米

　　兔为十二生肖之一，行四，是一种玲珑温顺的动物。成语典故中含有兔的很多，最著名的要算"守株待兔"，此外有兔死狗烹、兔死狐悲、得兔忘蹄等。据《春秋运斗枢》记载，兔由玉衡星散开而生成，兔为瑞兽，兆吉祥。据说兔子的寿命很长，最长的可活一千年，五百年后全身变白。兔的吉祥最突出特性表现在"蛇盘兔"的民俗信仰中，有婚配属相相生相克之说，不能配婚，否则有异，比如"白马犯青牛，鸡狗不到头"。而兔温顺，善于守财，古时候就有"兔走归窟"之说。蛇机智，善于敛财，往往是梦蛇兆财。故而有"蛇盘兔，必定富"之说。

　　传说月宫中有一只兔子，故民间以玉兔代指月亮。

　　我国有关白兔的传说很多。古典元杂曲目中就有《白兔记》的剧目故事。说的是刘知远家贫，外出投军，妻子李三娘被兄嫂虐，生子寄人。十年后，其子射，追兔得见母，全家团聚。

　　这件裁褙上的白兔和灵芝，代表的是吉祥如意，是祝寿、贺婚的吉祥礼物。

肚兜

平针绣喜相逢人物纹镶边肚兜

年代　民国
地区　山西
尺寸　长 30 厘米　宽 33 厘米

　　肚兜，即挂在胸腹间的贴身小衣，具有暖胃、护胸之功能，故也称暖肚。据考证，它的起源可以追溯到女娲时代。在陕西，过五月端午节时，娘家要送女儿"端阳礼"，其中的代表礼物就是花肚兜。又比如婚礼时，新娘花轿前充作护轿符又为娘家幌子的是一对高挑起的花肚兜，是新娘的开路神，好像在说"女娲娘娘在此，百神让道"。

　　根据各种线索推测，许多学者都认为肚兜是最古老的服饰。"跷跷蹊、蹊蹊跷，抱着脖子搂着腰"这一生动的民间谜语其谜底正是肚兜。因此可以认为，它是女娲氏留给后代的第一件衣服。其用途价值一是可以保护肚脐免受风寒，二是可以遮盖人之羞耻。至今，在山西、陕西、甘肃、青海等地，仍然存在穿戴肚兜的习俗。

绿绸地平针绣花鸟纹肚兜

年代　民国
地区　山西
尺寸　长28厘米　宽31厘米

二式平针绣冠上加冠肚兜之一

年代　民国
地区　山西
尺寸　长 28～34 厘米
　　　宽 30～32 厘米

　　在诸多肚兜中，有很多是鸡的图案。

　　鸡虽然只是家禽，但它在人们的生活中影响却很大。鸡和吉谐音，据说雄鸡是天帝派往人间负责降福的鸟，是食五毒、镇恶驱邪的吉祥鸟。在传统观念里，尤其在神学政治观念里，雄鸡占据着显著的地位。传说雄鸡是玉衡星散开而成的。古人认为鸡有文、武、勇、义、信五德，即：头顶红冠——文也；足搏距者——武也；敌在前敢斗者——勇也；允食相呼者——义也；守夜不失时者——信也。

　　在中国民间，鸡是十二生肖之一，被奉为鬼魅畏惧的吉祥物，因此，很多艺术品中都有公鸡的图案。鸡冠花在上，公鸡在下配图称为"冠上加冠"，即连续升官之意。

　　在民俗生活中，雄鸡鸣叫也表示"功名"，在过去古代学子们参加科举得中可叫"金榜题名"。因此，过去有送鸡图，表示祝愿对方能获得官职。

二式平针绣冠上加冠肚兜之二

年代　民国
地区　山西
尺寸　长 28 ～ 30 厘米
　　　宽 30 ～ 33 厘米

"吉祥语""吉祥画""吉祥图案"等带有鲜明的社会文化标记和内涵，是人们求吉避凶、祈福免祸心理的具体表现。例如，人们迫切希望"福"早日到来，于是把"福"字倒过来贴在门上，等等。可见吉利关系到人们精神上的乐且宴如，正可谓无以复加了。

中国吉祥图的创作原则就是运用寓意和象征，借助自然物的具体形象表现抽象的概念，如龟、鹤、松、柏寓意长寿，天地象征长久，兰花表示高洁，牡丹象征富贵，鸳鸯象征恩爱……这些都是人们早就熟知的图案。而公鸡站在石头上，旁边有鸡冠花，其主要寓意就是冠上加冠。"冠上加冠"也是吉祥图案的一种。鸡冠花是人们熟知的一种花卉，鸡冠花的"冠"与公鸡头上的"冠"同音同声，因此被称为"冠上加冠"，就是连续升迁之意。这也是父母对儿女的期望。虽然只是期望，能不能实现未可知，但起码从小让孩子有一颗积极向上的进取心。

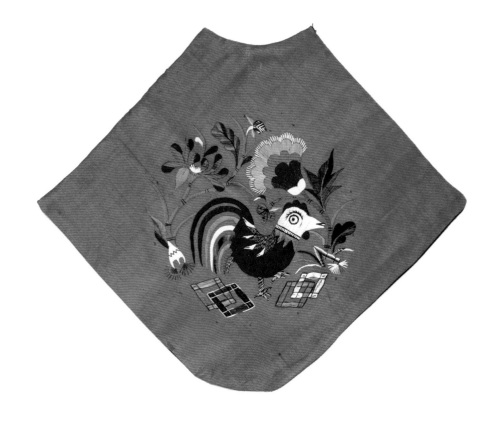

二式平针绣冠上加冠肚兜之三

年代　民国
地区　山西
尺寸　长30～32厘米
　　　宽31～33厘米

　　鸡之所以备受人们的青睐，是因为鸡和人们的生活有着密切的关系。

　　在民间很多肚兜上都绣有"冠上加冠"的吉祥图，多为孩子们所穿。父母盼儿女好好学习读书，日后仕途顺利、飞黄腾达，可以过上好生活。可见，金榜题名成为封建社会文人的最大心愿，冠上加冠吉祥图寓意深远。

　　本书中选录了很多冠上加冠图案的服饰品。如有一只雄鸡或母鸡领着五只小鸡，则意为"五子登科"。这些都是祝愿金榜题名的吉祥图。民间善良朴实的百姓用一双巧手表达出了父母对孩子的期望。

二式平针绣冠上加冠肚兜之四

年代　民国
地区　山西
尺寸　长 27 ~ 29 厘米
　　　宽 28 ~ 30 厘米

　　老百姓还说鸡是神，能起到避邪的作用。

　　在某些地区，每家养一只公鸡，用以保护房子不遭火灾。有的地方在安放棺木时将一只白公鸡放在底下作为守护神。据《括地图》记载："桃都山有大桃树，盘屈三千里，上有金鸡，日照则鸣。下有二神，一名郁，一名垒，并执苇索以伺不祥之鬼，得则杀之。"因此，有关雄鸡的传说很多，在收藏这些肚兜时，让人学到了很多知识。我们不仅欣赏它们的工艺，也在倾听它们的故事。所以说中国的吉祥图"有图必有意，有意必吉祥"，艺术家们也是根据故事的传说来创作这些吉祥图的。

二式平针绣牡丹文字纹肚兜

年代　民国
地区　山西
尺寸　长 30 ～ 32 厘米
　　　宽 33 ～ 35 厘米

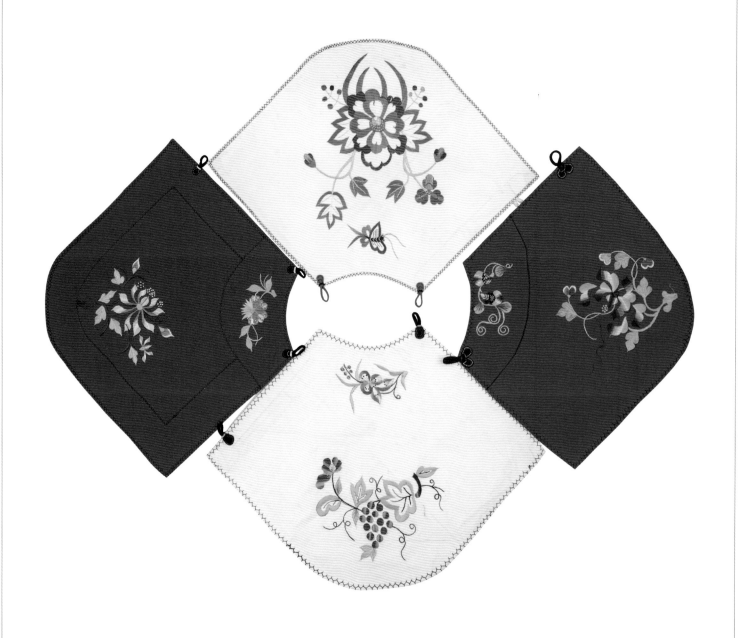

四式花卉纹肚兜之一

年代　民国
地区　陕西
尺寸　长 24～28 厘米　宽 26～30 厘米

　　肚兜是母亲怀孕生育前就绣制好的。
　　还有很多儿童肚兜是姥姥舅舅家为外甥制作的祝贺礼品，都是对新生命来到这个世上最直接的祝福和赞颂。虎肚兜、虎头鞋、虎头帽、虎纹围涎，及各种绣有神灵形象的耳枕和布玩具，构成了围绕生命繁衍主题的配套艺术。
　　中国人对生辰礼仪特别重视，而且十分讲究。生辰礼仪的主题是祝福孩子，时间跨度从诞生到周岁，大体上有三步："满月""百日""周岁"。到"满月"那天，姥姥、舅舅、姨家的客人一般都要送红鸡蛋和水果为婴儿祝福；到了"百日"，亲朋好友馈赠刻有"青云直上""长命百岁""状元及第"等字样的长命锁、玉饰、服饰，预祝孩子长大后飞黄腾达，健康成长；"周岁"礼是婴儿出生后第一年要举行的礼仪，中国民间流传有"抓周"的习俗，借此预测孩子将来的志向。
　　对于本书选录的儿童肚兜，不能仅仅只认为它是一件肚兜，其所承载的吉祥文化更是中华民俗的历史。只有了解它，弄懂它，才能珍惜这些传统文化给我们带来的文化知识。这才是传承中国传统文化的最终目的。

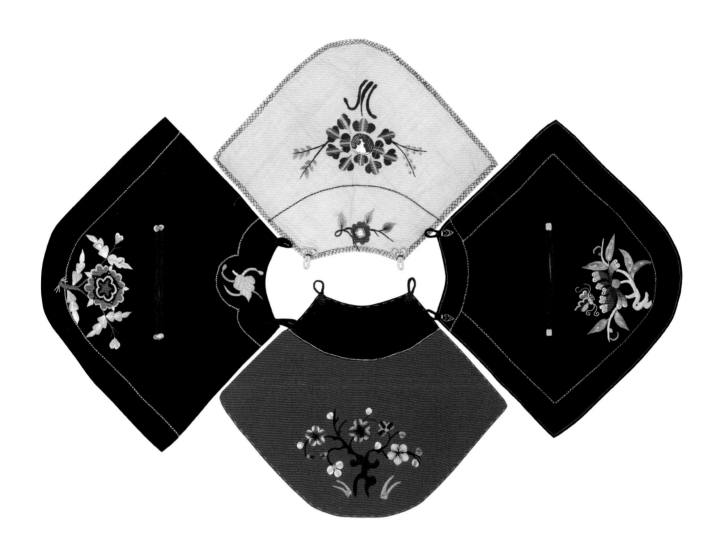

四式花卉纹肚兜之二

年代　民国
地区　陕西
尺寸　长 24 ～ 28 厘米　宽 25 ～ 30 厘米

花卉纹是中国传统吉祥纹样中最多的一类，亦与虫鸟纹等组合使用。花卉纹图样多以牡丹为主，还包括菊花、茶花、兰花、月季花、荷花、百合花和牵牛花等多种花卉，给人以缤纷的美感，极具艺术表现力。尤其在绣品中，人们用各种花卉纹样表达心愿、情感及对美好生活的向往。所以，在人们的生活中，不能没有花。

平针绣鸳鸯戏水肚兜

年代　民国
地区　山西
尺寸　长 30 厘米　宽 33 厘米

　　鸳鸯，古人称之为匹鸟，雌雄形影不离，是爱情、婚姻美满的象征，故有"只羡鸳鸯不羡仙"之谚语。以鸳鸯为主题的纹样在瓷器、雕刻、绘画中大量存在。民间婚庆多以鸳鸯纹为主题，如鸳鸯衾、鸳鸯被、鸳鸯褥、鸳鸯门帘、鸳鸯肚兜，以及梳妆台、镜、脸盆、手帕等上均绘有此纹。

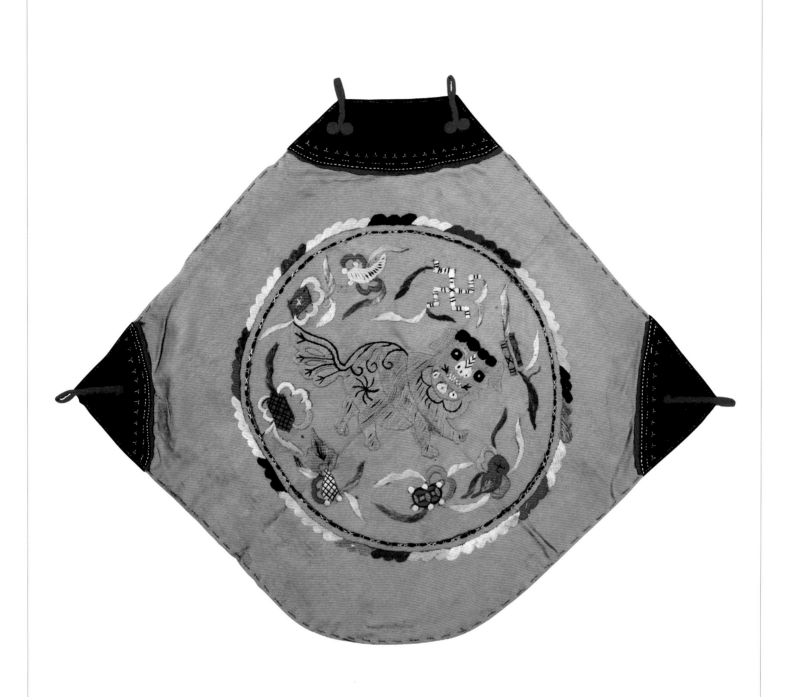

平针绣狮子纹肚兜

年代 民国
地区 山西
尺寸 长 36 厘米 宽 40 厘米

肚
兜

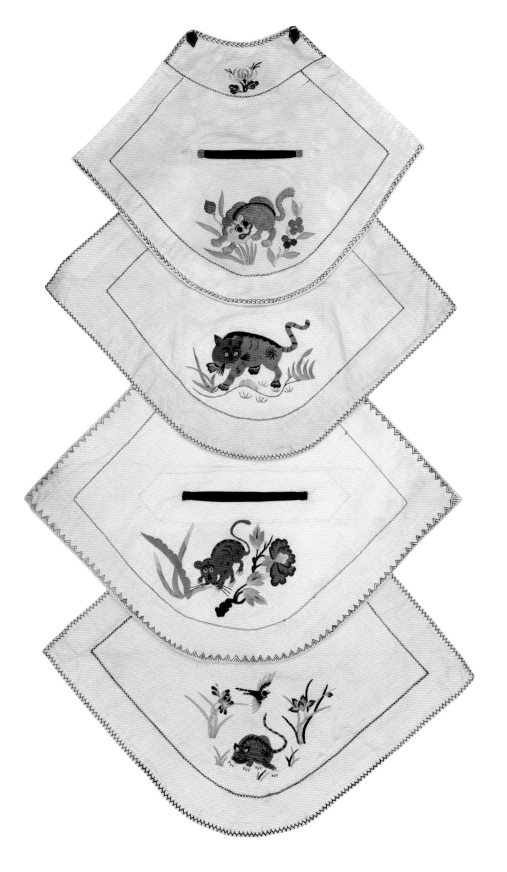

四式平针绣虎纹肚兜

年代　民国
地区　山西
尺寸　长 24 ～ 27 厘米
　　　宽 26 ～ 30 厘米

　　虎，在民俗文化中的知名度非常高，虎纹在生活中应用也非常广泛。它可以辟邪、镇宅、驱祟、守护等，像神一样应运而生。于是成为中华民俗中应用最多的吉祥图案，尤其深受民间百姓的欢迎和崇拜，更成为儿童的保护神，而且多样化、民俗化、世俗化。

四式平针绣童戏虎肚兜

年代　民国
地区　山西
尺寸　长24～27厘米
　　　宽26～30厘米

　　有关虎的故事和服饰品前文中
介绍了很多，这里就不再做更多的
解释。

　　这些服饰品的年代并不久远，
在新与旧的问题上，人们习惯将过
去的和现在的、常见的和新鲜的作
比较。但是，过去的东西，还是被
大多数人认可，因为它是一针一线
绣出来的，所蕴涵的爱和情更深、
更真切。尽管当今处在一个大变革
的时代，有些老物件已经成为淘汰
的对象，却不知，正是这些司空见
惯的民俗之物，体现着我国民俗的
造物精神和审美意蕴，成为历史的
文化结晶。

　　如果能把这些传统的老物件与
现代的新东西融合在一起，想必是
对保护民俗民间文化遗产的一种最
佳的传承和贡献。

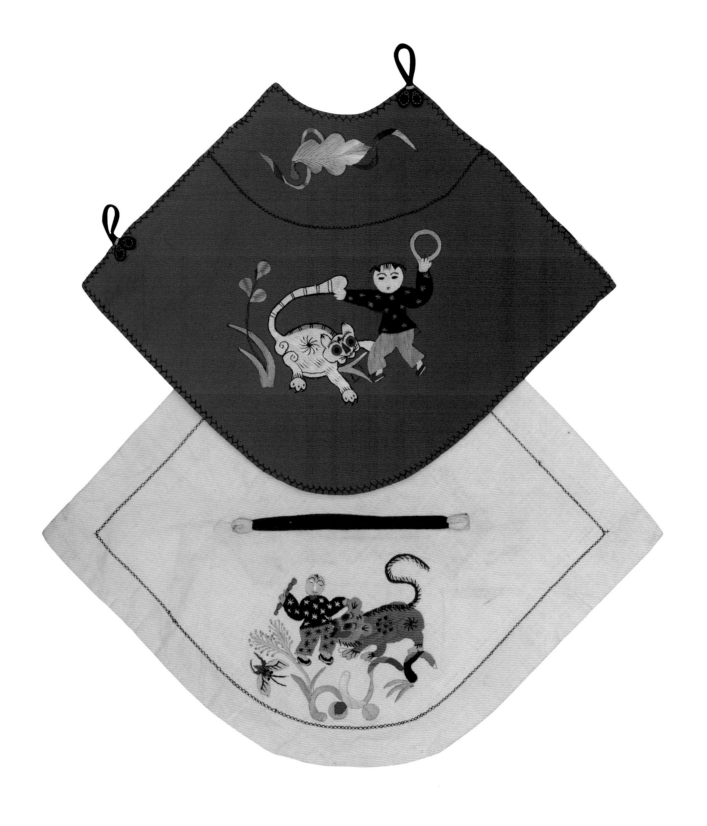

二式平针绣童戏虎肚兜

年代　民国
地区　山西
尺寸　长 24 ～ 28 厘米　宽 26 ～ 32 厘米

平针绣童戏虎肚兜

年代　民国
地区　山西忻州
尺寸　长 28 厘米　宽 32 厘米

　　这是一个民间传说故事。王小随父亲上山砍柴，父亲被老虎咬住，王小奋力杀虎，救父亲脱离虎口。这个故事流传极广，民间木偶戏、皮影戏多取此题材。此戏与《二十四孝》第十九则故事"扼虎救父"极为类似，或有渊源关联：（晋）杨香，年十四，随父往田中获粟。父为虎曳去。时香手无寸铁，惟知有父，而不知有身。踊跃向前，持虎颈，虎磨牙而逝。父因得免于害。对千百年流传的很多故事进行一一解说，是每位作者碰到最多的问题，说是准确无误不太可能，因为有很多解读可能会出于多个版本，但求能自圆其说，见仁见智，既然是美好的传说故事，又何必去刨根问底呢。

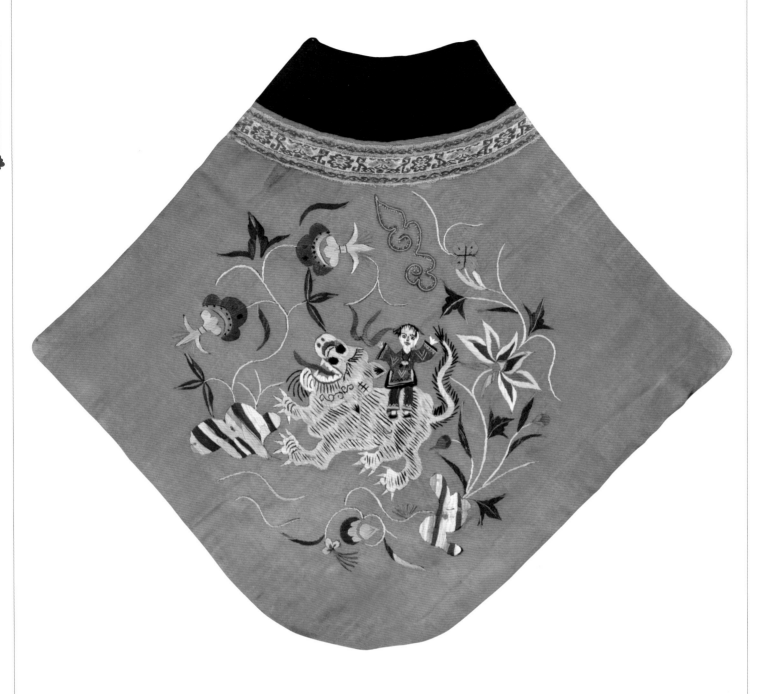

平针绣童戏虎镶边肚兜

年代　民国
地区　山西闻喜
尺寸　长 28 厘米　宽 32 厘米

　　虎为山林中的猛兽，被喻为百兽之王。《说文解字》这样介绍："虎，百兽之君也。"《风俗通》中也说"虎者，阳物，百兽之长也。"因此虎威猛，自古至今有很多关于虎的故事。虎的辞令也很多，并且都为人们喜闻乐见。例如："虎将"，比喻将军英武善战；"虎子"，比喻儿子雄健奋发；"虎士"，比喻英雄好汉等。
　　虎之所以有如此多的辞令，是人们在生活实践中所总结出来的精华词语，代代相传，形成了中华虎文化在民间百姓家中的重要意义。因此，虎围涎、虎头鞋、虎头帽、虎镇五毒肚兜等在广大农村成了家家都有、都要做给孩子们的必备吉祥物品。

平针绣虎镇五毒肚兜

年代　民国
地区　山西
尺寸　长 27 厘米　宽 31 厘米

　　在民间，百姓称儿女为"虎娃""虎妞"，希望孩子结实粗壮；儿子多的就叫大虎、二虎、三虎、四虎等，期望孩子健康成长。称大胖小子"虎头虎脑"，可见虎是多么地受人喜爱。
　　正是这些虎纹的传统文化给民间百姓带来了很多欢乐，尤其在端午节这天，人们纷纷将早已绣好的虎纹肚兜、虎纹帽、虎纹鞋等穿戴在孩子身上，以求驱邪辟瘟。

荷花纹肚兜　　　　　　　　　　　　　　　牡丹纹肚兜

八式肚兜　　　　　　虎头纹肚兜　　　　　　　　　　蝶恋花纹肚兜

年代　民国
地区　山西
尺寸　长 30 ～ 32 厘米　宽 31 ～ 33 厘米

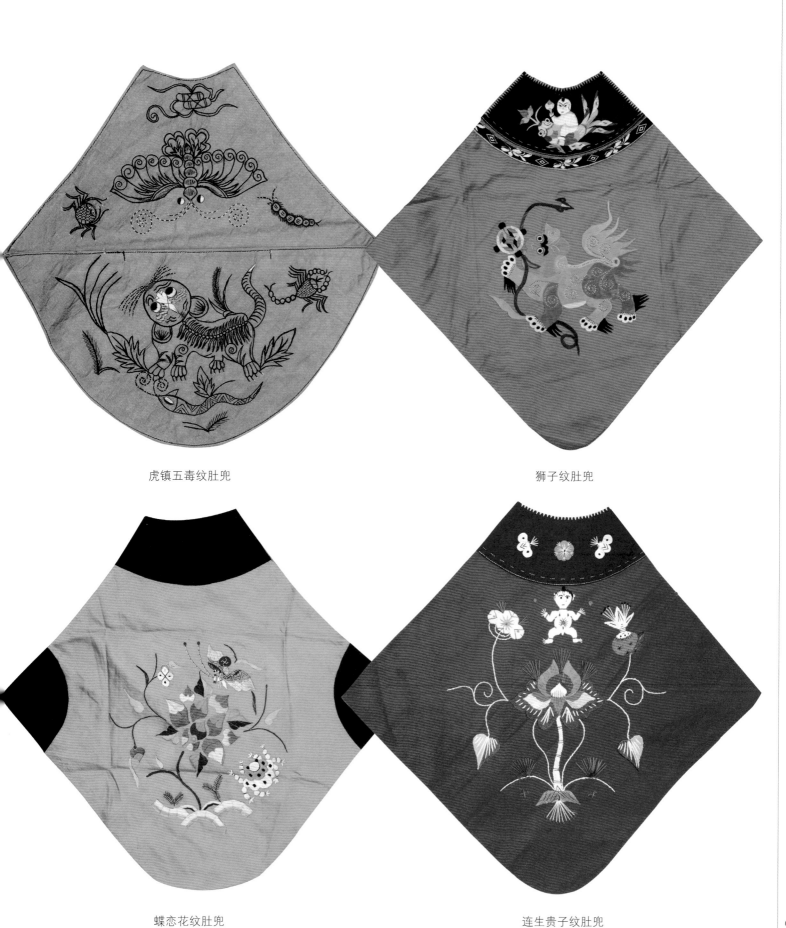

虎镇五毒纹肚兜　　　　　　　　　　　　狮子纹肚兜

蝶恋花纹肚兜　　　　　　　　　　　　连生贵子纹肚兜

四式拼布肚兜

年代　民国
地区　山西
尺寸　长 30 ~ 32 厘米
　　　宽 32 ~ 34 厘米

　　拼布，就是用很多不同颜色、不同形状的小布块，按一定规律拼成美丽的图案，继而制成各种生活中的实用物品。

　　这种风俗，在中国的南北方皆有，在北方的山西、陕西两地特别多。拼布衣一般为小孩出生后至周岁期间所穿，由孩子的外婆向街坊邻居讨来小布块拼合制作而成。这不仅寄托着外婆对孩子的情感，也象征着孩子们受到百家喜爱，托百家的福而健康成长。拼布工艺也由此逐渐成为一种普遍的手工艺，制品不分大人小孩都可以穿用，而且还衍生出很多种百布拼的装饰，如百布拼床围、桌围、幔帐，以及小孩或大人穿的肚兜、坎肩等。

贴补绣连生贵子肚兜

年代　民国
地区　山西
尺寸　长 30 厘米　宽 34 厘米

　　一个小肚兜就是一件艺术品，借助众多的题材，承载着千千万万个母亲望子成龙、望女成凤的心愿。母亲们
将对儿女的深切期望融入这些一针一针绣制的吉祥图案之中。

平针绣八角式连生贵子肚兜

年代　民国
地区　山西夏县
尺寸　长 31 厘米　宽 30 厘米

　　这是一件做好后压箱底尚未穿
过的肚兜。

　　山西夏县，现属运城市，古属
河东郡，历史上曾被称为安邑。据
司马迁《史记·夏本纪》载，夏王
朝大禹建都于此。大禹为黄帝玄孙，
遂取国号为"华"，定国名为"夏"，
悠悠华夏文明自此开篇。曾经，笔
者就是在这块古老的土地上做着古
老的营生——农耕。

　　这里的农民憨厚朴实，姑娘也
好，媳妇也好，只要农活儿一停，
手里总是有干不完的针线活儿：纳
鞋帮、纳鞋垫。手里没活儿的女人，
会有很多话嘲讽她们，说她们是懒
女、懒媳妇，是要被他人说闲话的。
因此，那里有一种好传统：手不离
针线活儿。刺绣是她们从七八岁就
开始练习的基本功，到十六七岁时，
人人都是一把好手了。

平针绣蝈蝈白菜肚兜

年代　近代
地区　陕西
尺寸　长 23 厘米　宽 29 厘米

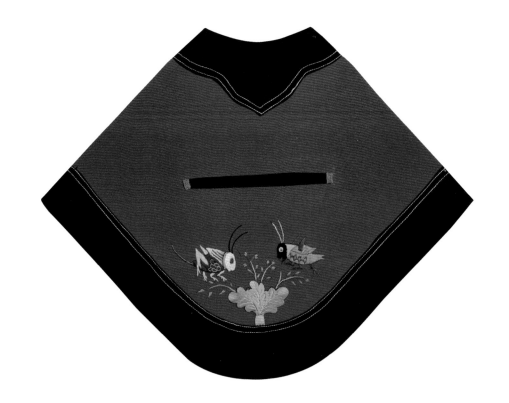

　　中国的吉祥图案很多都来自生
活，来自大自然，来自田野。蝈蝈
就是其中之一，每到夏季，在酸枣
小树上、在种满豆子的庄稼地里，
蝈蝈清脆的鸣叫声特别好听。中国
民间视蝈蝈为吉祥物，由于"蝈蝈"
与"哥哥"谐音，民间又称其为"喜
叫哥哥"，意在祈求多生男孩；蝈
蝈善跳，且"蝈"与"官"谐音，
寓意升迁快、仕途发达。

　　蝈蝈常与白菜配图，"白菜"
和"百财"谐音，代表富有。

平针绣螃蟹莲花纹肚兜

年代　民国
地区　山西闻喜
尺寸　长 26 厘米　宽 33 厘米

平针绣松鼠葡萄纹肚兜

年代　民国
地区　山西
尺寸　长 28 厘米　宽 33 厘米

松鼠葡萄纹为吉祥图案中常见的图案纹样，瓷器、玉器、家具、刺绣、竹木牙角雕等上皆可见，应用非常广泛，是民间使用最多的一种艺术题材。

葡萄多籽，松鼠是老鼠的变通。鼠在十二生肖中对应地支"子"位，故有"鼠为子神"之说。子神与葡萄相结合，强化了繁衍求嗣的功能，寓意多子多孙。因葡萄果实累累，藤蔓绵长，不但多子多孙，同时也象征长寿和丰收富贵。

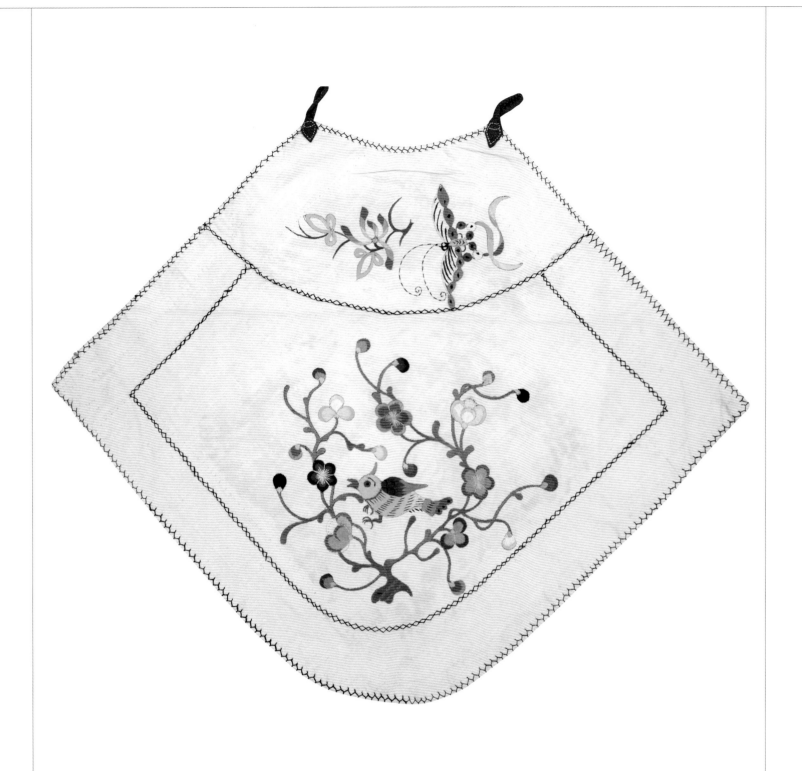

平针绣梅花纹肚兜

年代　近代
地区　陕西
尺寸　长 28 厘米　宽 30 厘米

　　梅花有"清友""清客"的美称，在我国有着悠久的历史。特别是在文人墨客的心目中地位极高，其佳名数不胜数，也留下了很多脍炙人口的赞美诗句，如"墙角数枝梅，凌寒独自开。遥知不是雪，为有暗香来。"还有"宝剑锋从磨砺出，梅花香自苦寒来。"这些都成为人们勉励勤奋刻苦、自强不息的格言。
　　"梅花开五福，竹叶报平安"则是流行的梅竹图中的吉祥祝福。梅在严冬开花，花期延至初春，被誉为"独天下而春"，有"报春花"之称。古时为了获得最佳观梅效果，强调"梅花绕屋""登楼观梅"之说，最有名的是松竹梅"岁寒三友"，梅兰竹菊"四君子"。梅花纹样广泛运用于各种吉祥图案中，被视为坚贞、高洁的象征。

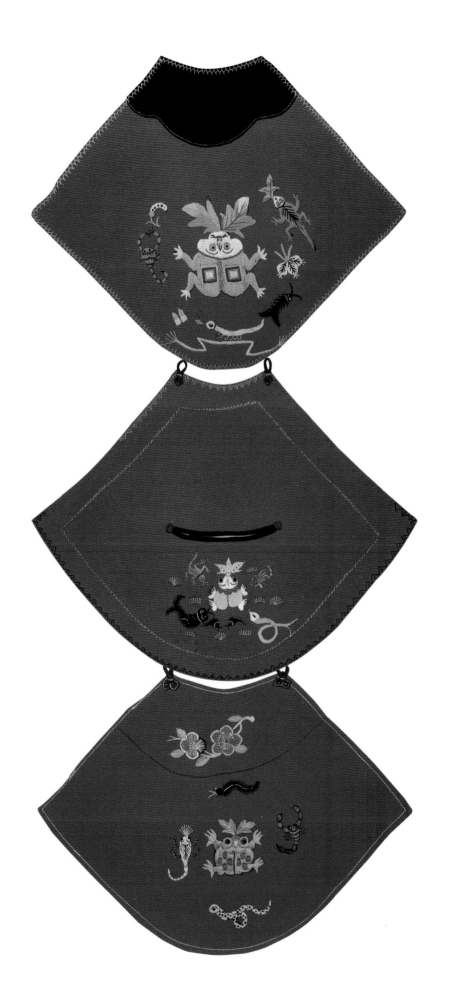

三式平针绣蛙纹肚兜

年代　近代
地区　陕西
尺寸　长 23 ～ 26 厘米
　　　宽 27 ～ 30 厘米

　　这些蛙纹儿童肚兜主要来源于陕西地区，年代大多为20世纪50～60年代。

　　在西北地区，蛙被崇拜至无以复加的程度，原因可能是西北地区的先民崇蛙吧。因为从远古新石器时代彩陶上的蛙纹起，蛙的形象一直延续至今。有学者考证女娲的发祥地为陕西华山脚下的骊山，并在彩陶上发现了蛙纹，由此证实女娲族与蛙的联姻关系，从而取其谐音称新生命为娃，并以艺术形象"蛙"代"娃"。从此有了特别丰富的蛙纹肚兜、蛙纹坎肩、蛙纹荷包、蛙纹枕等很多蛙纹物件。

　　在山西和陕西两地，蛙在民间美术的观念中是华夏民族的保护神和繁殖神，蛙与新生命的娃，不只谐音，意也相连。这种数千年来的传统民俗文化至今仍在西北高原百姓之间流传。

打子绣连生贵子镶边肚兜

年代　民国
地区　北京
尺寸　长 18 厘米　宽 27 厘米

　　这件小孩肚兜造型别具一格，绣工为较精细的打子绣，下红上绿，颜色协调，做工精细。上部图案为蝶恋花，下部图案为连生贵子和鱼戏莲。

　　小孩的肚兜，采用正色，大红大绿的色彩充满了喜庆，酣畅淋漓地表达了热情，使吉祥内容更加生动自然，让人百看不厌。它不同于流水线生产的产品，承载了中国民间千千万万个家庭、千千万万个民间艺人、千千万万个母亲对孩子的关怀、呵护和祝福。

　　笔者对这些儿童肚兜格外珍爱。这是天下母爱的证物，在漫长的历史长河中，以深厚的民俗思想和艺术底蕴，溶解着千百年的秘密以及精巧、亲昵等不尽情愫，为多彩的中国民俗文化增添了不朽的色彩。

六式平针绣长命锁肚兜

年代　民国
地区　山西
尺寸　长 33 ～ 40 厘米
　　　宽 24 ～ 30 厘米

在中国民间给小孩戴长命锁已有上千年的历史。古代出生富贵人家的孩子，为使其平安顺利地长大成人，长辈们就为其打制"长命锁"挂在项间以作饰物，借此超自然的力量为孩子消灾庇佑，祈求健康长寿。旧时在山东、山西、陕西、河北等很多地区，打制长命锁时必须有"长命富贵"四个字（也可是谐音），目的是"借百家福寿，讨长命富贵"。

王小二打虎长命锁肚兜

狮子纹长命富贵锁肚兜

花卉纹长命锁肚兜

花卉纹长命锁肚兜

连生贵子纹长命锁肚兜

花卉纹长命锁肚兜

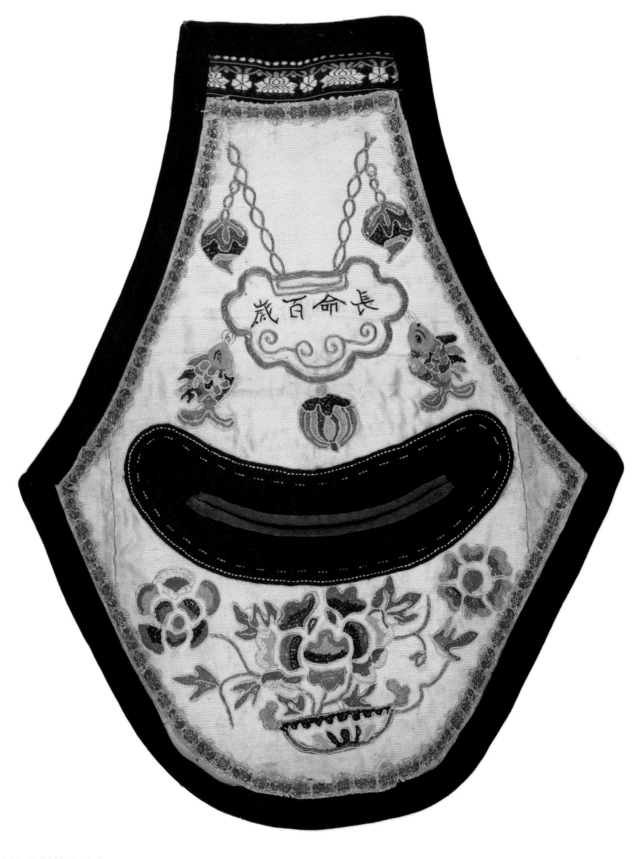

打子绣长命锁镶边肚兜

年代　清末民初
地区　北京
尺寸　长 30 厘米　宽 24 厘米

打子绣长命锁肚兜

年代　清末民初
地区　北京
尺寸　长 28 厘米　宽 22 厘米

平针绣长命锁肚兜

年代　民国
地区　山西
尺寸　长 30 厘米　宽 31 厘米

　　中国有个古老的习俗，小孩出生后，长辈们要为其打制"长命锁"，以祈求、庇佑孩子健康成长。

　　长命锁由古代的"长命缕"演化而来。古人以五色朱索饰门户，以避恶气。后代就用五色线系在小孩颈上，以避不祥，谓之"百索"，也名"长命锁"。后来民间许多地方在小孩过百日时，要给小孩准备"长命锁"，也称"百家锁"。百家锁的形式各有不同，材质有金、银、铜三种，另外还有白玉、翡翠、木石等。金长命锁很少很少，多为银长命锁，长命锁上大都镌刻"长命富贵""吉祥如意""长命百岁"等吉祥文字。

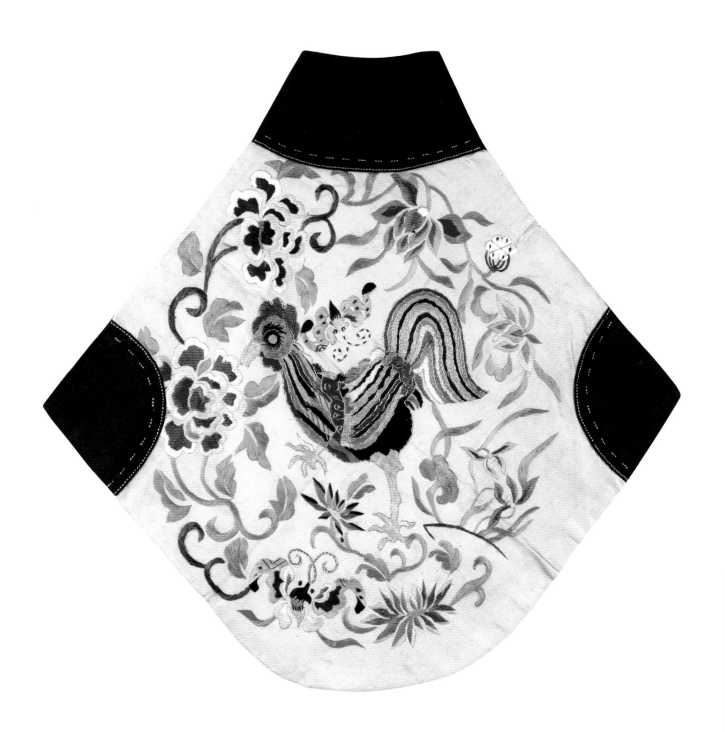

平针绣花卉鸡纹肚兜

年代　民国
地区　陕西
尺寸　长 29 厘米　宽 30 厘米

　　鸡，不管雌雄，对人类都是极其有益的。母鸡下蛋，雄鸡唱晓。鸡也是十二生肖之一。
　　雄鸡善斗，是英雄斗志的象征。传说隋末刘氏与其妻赵氏夜里在庭院中乘凉，忽见一物，形似雄鸡，流光闪过，飞入赵氏怀中，赵氏马上起身抖衣服，什么也没发现，但因此有孕，后生下一男孩，取名武周，为人骁勇、善骑射。因此，斗鸡的纹图成了表示"英雄斗士"的吉祥图案。
　　这个肚兜有牡丹花，代表富贵；有菊花，代表安居乐业；有荷花，代表清廉；有蝴蝶，代表长寿。一公鸡单腿独立于花卉中，喻为"金鸡独立"。

平针绣花鸟纹肚兜

年代　民国
地区　陕西
尺寸　长 34 厘米　宽 29 厘米

平针绣花卉纹凤穿牡丹肚兜

年代　民国
地区　山西
尺寸　长 32 厘米　宽 31 厘米

　　"凤穿牡丹"也是民间使用最多的吉祥图案。"凤穿牡丹"又名"凤戏牡丹"。凤凰是传说中的神鸟，百鸟之王；牡丹为花中之王，又称富贵花，有富贵、祥瑞、美好的寓意。凤穿牡丹是生命生育的主题，同时寓意吉祥、富贵、和谐。凤与龙构成的文化，是中国传统文化中极为重要的一部分，明朝王世贞有诗："飞来五色鸟，自名为凤凰。千秋不一见，见者国祚昌。"

平针绣狮子纹肚兜

年代　民国
地区　山西闻喜
尺寸　长25厘米　宽29厘米

　　看到这些小红肚兜，笔者想起了在农村插队的时光，那时经常能看见一些光屁股的小孩穿着小红肚兜满街跑的情景，让人联想到《西游记》中穿红肚兜的"哪吒"，因此一直对这些小肚兜情有独钟。过去女子在怀孕时便开始绣这些小肚兜了，这是母亲为即将到来的孩子准备的第一件小衣裳。这些普普通通的小红布，在中国民间世世代代发展了几千年，走进了千家万户老百姓的家庭，不分大江南北，广泛存在于中国的各个地区。

平针绣凤穿牡丹肚兜

年代　民国
地区　山西闻喜
尺寸　长30厘米　宽28厘米

平针绣虎镇五毒肚兜

年代　民国
地区　山西
尺寸　长 26 厘米　宽 30 厘米

　　虎和蛙的吉祥纹样普遍用在刺绣品中，因着重于寓意吉祥的内涵而有别于一般装饰图案。吉祥图样通常以自然界物象或传统故事为题材，用寓意、象征、假借等含蓄比喻的表现手法，表达人们对美好生活的追求和祈望，这件既有虎又有蛙的儿童肚兜，纹样构图十分巧妙。

　　老虎背上的青蛙对民间庶民来说就是娃，就是祖先定下的古老生殖神。那么，虎当然就是保护新生婴儿健康成长的神灵。在山西、陕西等很多地区绣蛙、绣虎，用以祈盼孩子健康成长，已有数千年的传承。

平针绣麒麟送子肚兜

年代　民国
地区　山西
尺寸　长 28 厘米　宽 26 厘米

平针绣花卉石榴纹肚兜

年代　民国
地区　陕西
尺寸　长 29 厘米　宽 32 厘米

平针绣花卉纹肚兜

年代　民国
地区　陕西
尺寸　长 30 厘米　宽 33 厘米

猫戏蝴蝶肚兜

蝴蝶戏牡丹肚兜

二式平针绣蝴蝶纹肚兜

年代　民国
地区　山西
尺寸　长 26 ~ 28 厘米
　　　宽 28 ~ 31 厘米

　　父母为了孩子能健康成长，日子再苦也要根据条件，为新生儿尽力而为。可这些肚兜对一些人来说总觉得很土、很民俗化，开口闭口总是以价值论长短，要不就是跟宫廷的相比。其实，宫廷有宫廷的生活，富人有富人的活法，民间百姓虽用不起绫罗绸缎，过的就是勤俭持家、怡然自得的小日子。但他们一样对生活有着美好的追求，就拿这些小坎肩、小褙褡、小肚兜等来讲，有好多用的都是下脚料或从别的地方裁剪下来的布片，拼凑起来成为一件小衣服。尤其是那些百衲衣、剪贴绣的肚兜，不都是用小布头拼接出来的吗？宫廷和贵族绝不会用这种简易的拼布来做，所以说百姓有百姓的过法，不必相提并论。民间生活永远都是以勤俭持家过日子。有雅有俗，才是人生的真谛。雅俗共赏才是一个文化人对艺术正确的评论。

　　我们应该能从这些不起眼的民间服饰中看到，天下母亲对儿女的爱、牵挂、呵护和期望。它们充分表达出长辈对晚辈、姑娘对情人、媳妇对公婆的良好祝愿。它是中国传统民间艺术的缩影。

二式平针绣花鸟纹肚兜

年代　民国
地区　河北
尺寸　长 28 ～ 30 厘米
　　　宽 32 ～ 34 厘米

打子绣吹箫引凤肚兜

年代　清末民初
地区　山西太原
尺寸　长 30 厘米　宽 26 厘米

　　作为百鸟之王的凤凰，古人对它的传颂、赞美很多，自然也被神学政治家利用，说它是乱世兴衰的晴雨表。《史记》上说："四海之内，感戴舜功，兴九韶之乐而凤凰翔天下。"意思是说，当君道清明，其政太平时，才能感动皇天，凤凰才会翔于天下。
　　凤凰在爱情婚姻中还有一则动人的故事。传说秦穆公时有一个叫萧史的人，善吹箫，箫声可引孔雀、白鹤等禽鸟。秦穆公有个女儿名弄玉，很喜欢萧史。萧史每天都教弄玉吹箫模仿凤凰鸣叫的声音。几年以后，弄玉模仿凤鸣惟妙惟肖，凤凰就飞来停在他们的房子上。秦穆公为他们筑高台，名曰凤台，后来两人乘龙凤而去。因此人们把吹箫引凤作为美好婚姻的象征。该肚兜讲述的就是这个故事。

二式花鸟动物纹肚兜

年代　民国
地区　山西
尺寸　长 31 ~ 33 厘米
　　　宽 22 ~ 24 厘米

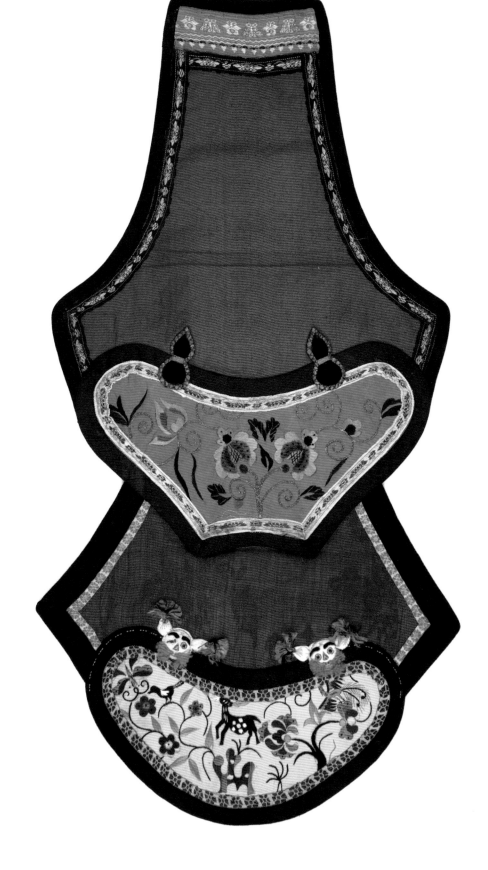

花卉纹肚兜

喜鹊登梅鹿纹肚兜

肚兜

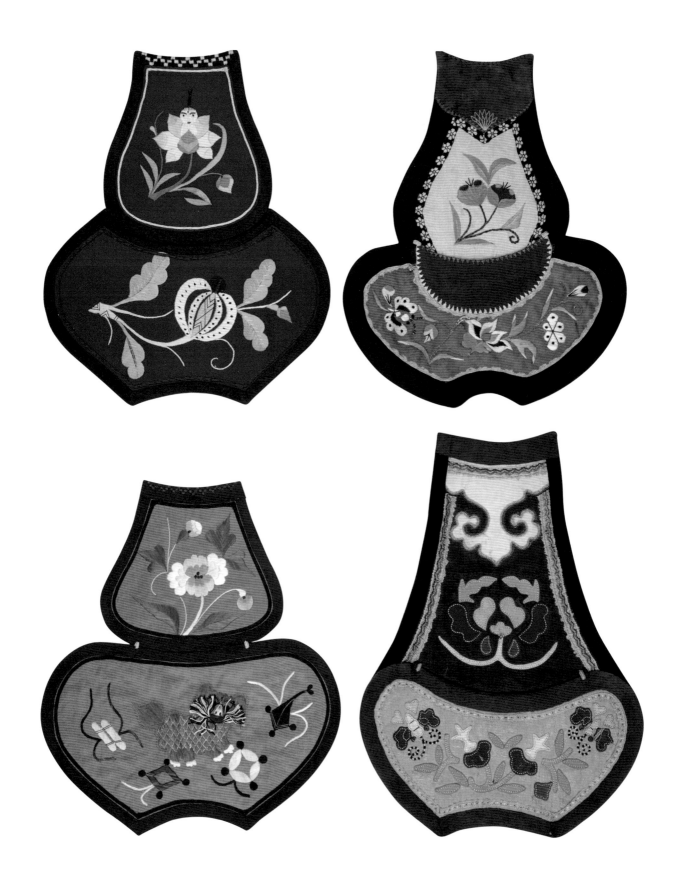

四式平针绣花卉瓜果动物纹葫芦形肚兜

年代　民国
地区　山西闻喜
尺寸　长 22 ～ 24 厘米　宽 16 ～ 18 厘米

二式虎头王葫芦形肚兜

年代　民国
地区　山西闻喜、绛县
尺寸　长 22 ～ 24 厘米
　　　宽 15 ～ 18 厘米

　　本书中类似这样的"虎头王"
多出于陕西和山西两地，是民间最
常见的刺绣。虎头王的形式均以正
面为主，就是突出虎头与"王"字，
因此民间称为"虎头王"，多用于
儿童用品，如鞋、帽、围涎、肚兜、
褡裢上，以辟邪气。当地每年农历
五月初五以雄黄涂在小孩的耳鼻等
处，并将"王"字写于小孩的额头上，
以镇百邪。

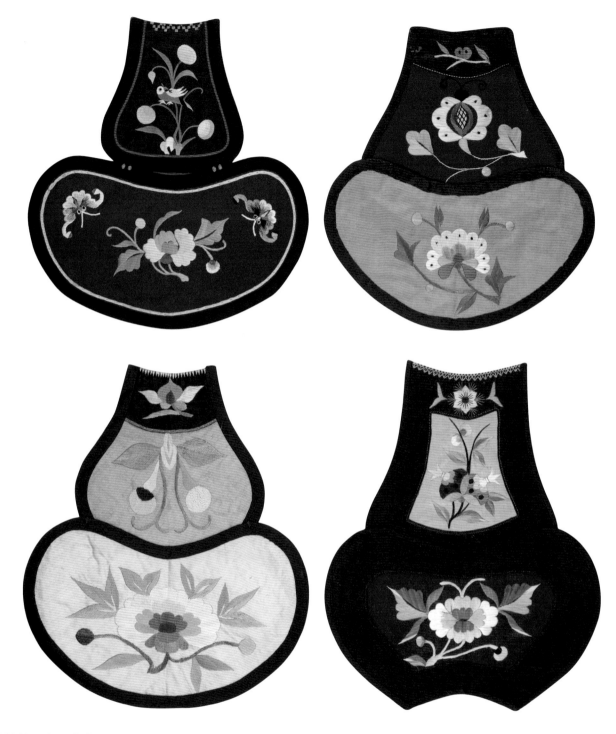

四式平针绣花卉纹葫芦形肚兜

年代　民国
地区　山西
尺寸　长 21 ～ 23 厘米　宽 16 ～ 18 厘米

　　葫芦，亦名瓠瓜，蔓生、多子，民间以葫芦纹寓"福禄万代""子孙万代"，象征家族、氏族子孙繁荣、后继有人。在很多地区，人们将葫芦挂在家门上，以驱邪。葫芦又是道士的随身宝物，八仙之一铁拐李的法器就是葫芦和铁杖。因此，葫芦在人们的心目中是宝贝，是不经加工、天然自成的艺术品。

二式人物花鸟纹葫芦形肚兜

年代　民国
地区　山西
尺寸　长 30 ～ 32 厘米
　　　宽 21 ～ 23 厘米

狮童进门肚兜

蝶恋花肚兜

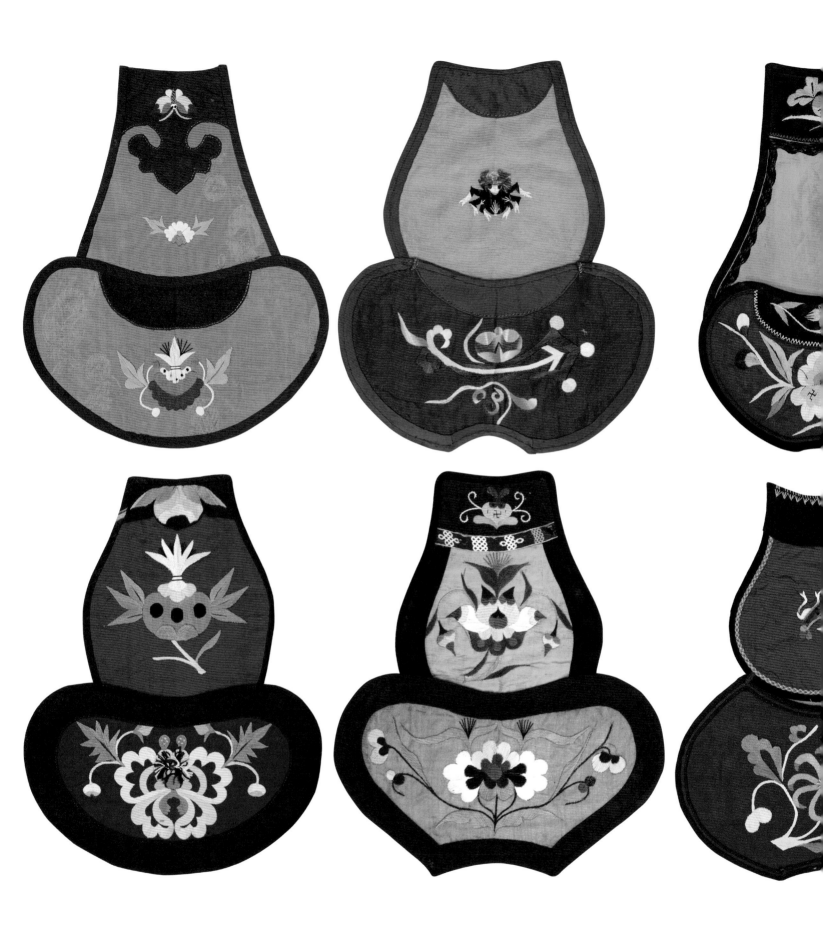

十式平针绣花卉纹葫芦形肚兜

年代　民国
地区　山西
尺寸　长 24 ～ 30 厘米　宽 17 ～ 20 厘米

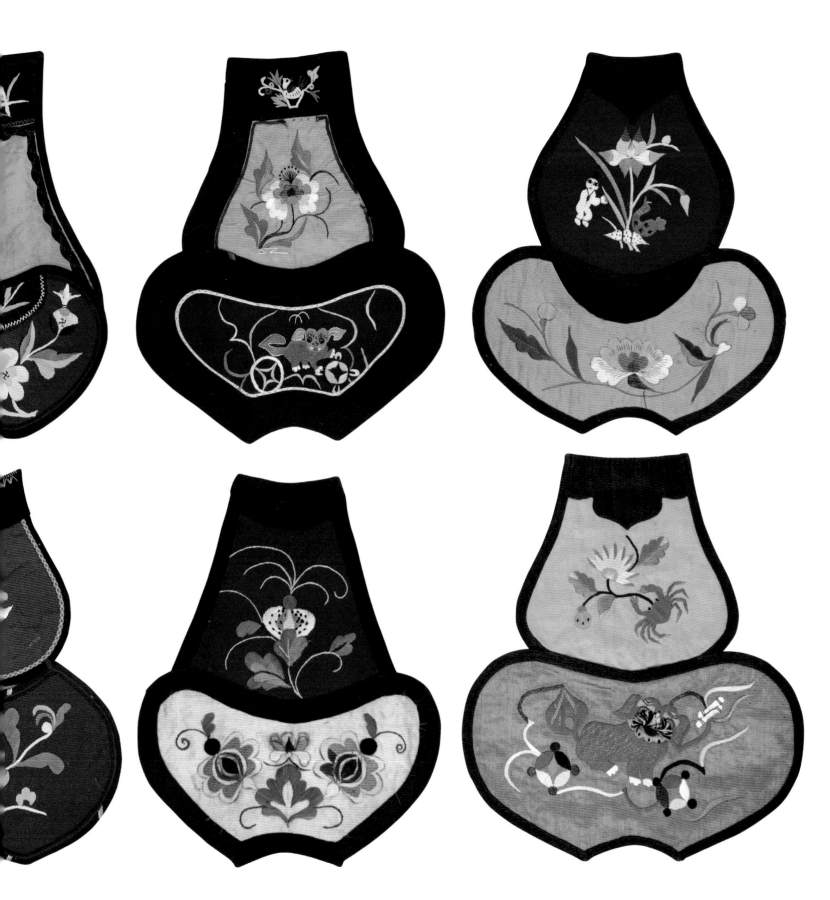

平针绣花卉葫芦形肚兜

年代　民国
地区　山西闻喜
尺寸　长 22 厘米
　　　宽 19 厘米

　　葫芦有多种叫法，如葫芦壳、蒲芦、壶芦和匏瓜等。葫芦藤蔓绵延、结果累累、籽粒繁多，故被象征祈求子孙万代的吉祥物。
　　葫芦又是传说中的宝物，里面装的都是神奇妙药还有法宝，因此道士、神仙都随身携带。传说，葫芦是天地的微缩，里面有一种灵气，可以拎妖提怪，在民间很多地方，都将葫芦挂在门上，用以驱邪。

云肩

盘金绣蝙蝠花卉纹云肩

年代　清代晚期
地区　北京
尺寸　直径 36 厘米

　　云肩也是古代的一种服饰，隋代观音像身上就披戴云肩，可想云肩不会晚于隋唐。到了元代，一些贵族男女通行"四合如意式"云肩，之前讲究的是柳叶式小云肩，这些现象从很多古老壁画中就能看到。到了明清两代云肩则仅限于妇女使用。典型的式样为"四合如意式"与"柳叶式"两种，后来又派生出各种款式，但造型均为方形和圆形，其他变形并不多。

　　盘金绣针法来源于"钉线绣"，这种技法早在唐宋时期就很流行。以绣图案为依据，将金线回旋，加于已绣或未绣图案边缘，因绣线以双金为主，线条方向依样盘旋，故称盘金绣。另外，针线方法有明线、暗线之分，明线针迹外露，暗线针迹隐藏。用金银线盘组图形，则成为盘金绣或盘金银。金银线分纯金银线、棉金银线，前者由两条细如发丝的金线或银线搓捻而成，主要为皇室贵族刺绣所用，称"手搓金"。后者是在棉线外裹上一层金箔而成，多为民间所用，在绣工上，一是组成图形之用，二是用于圈锁纹样外形，使外部线条因金色而成。

四合如意式平针绣花卉纹云肩

年代　清代
地区　山东
尺寸　边长 45 厘米

四合如意式平针打子绣花卉纹云肩

年代　清末民初
地区　河北
尺寸　边长 46 厘米

如意式平针绣点翠花卉纹云肩

年代　清末民初
地区　北京
尺寸　直径 50 厘米

　　这件云肩与众多云肩的不同之处在于缝缀点翠，这在众多云肩中是很少见的，其上共有 10 枚点翠蝴蝶作为装饰，每只蝴蝶的下方均有一个"一团和气"纹的银片。创意巧妙，构图新颖，给人一种别开生面的美感。
　　服装在我们的生活中是不可或缺的，人们对衣、裙、鞋、帽，包括本书中的云肩，无不用心，其中已被精心地植入更多看不见的东西，如身份、地位、性别、年龄、文化、品位等，已成为一种无声的语言、一种吉祥符号、一种精神生活。在这针针线线的缝缀里，无不体现着百姓生活的乐趣。这件云肩虽然比其他云肩要简洁，但其上的天然翠羽装饰在云肩中还是很少见的。

云肩

柳叶式平针绣莲花纹云肩

年代　清末民初
地区　河南郑州
尺寸　直径 45 厘米

　　莲花出淤泥而不染，得"花中君子"之美称，是圣洁高雅的化身、美德的象征，也是著名的观赏花卉。佛教传入我国之后，将莲花作为佛教的标志，视莲花为圣花，以其代表"净土"，象征圣洁，寓意吉祥。

　　莲花纹从魏晋南北朝流行，并且最终成为中国古代传统吉祥纹样之一。

　　莲花有丰富的吉祥寓意，与莲花组合的吉祥纹样亦都是对美好人生的祝福，如莲花和鸳鸯组图，称"鸳鸯戏水"；与小孩组图，名"连生贵子"；一朵莲花的图案叫"一品清廉"；莲花和藕组合，叫"因荷得藕"；与鹭鸶组合，叫"一路连科"，因此在各种艺术品中莲花成了不可缺少的一种花卉。

打子包花绣花卉纹云肩

年代　民国初期
地区　河南
尺寸　直径 55 厘米

如意式平针绣花卉纹云肩

年代　民国
地区　河南汝阳
尺寸　直径 40 厘米

云肩

柳叶式平针绣四季平安云肩

年代　清末民初
地区　河南汝阳
尺寸　直径 50 厘米（不包括穗子）

　　这件小云肩片片有规律地分布于立领周边，呈现层层分明的柳叶式圆形结构，绣工很民俗化，但布局错落有致。由于是小孩穿戴，构图小巧、淡雅温和，图形生动鲜活。

二式包花绣瓜果纹云肩

年代　民国初期
地区　河南
尺寸　直径 40 ～ 45 厘米
　　　（不包括穗子）

　　瓜果纹是一种以各种植物果实为题材的装饰纹样。瓜果纹和花卉纹一样，都代表一大类纹样，常见的瓜果纹都是人们熟知且具典型吉祥寓意的瓜果纹样，如瓜纹、葡萄纹、石榴纹、寿桃纹、佛手纹等。这些纹样在传统祥瑞观念的影响下，从古至今，广泛流传，并表现在瓷器、玉器、木器、金银器，竹、木、牙、角雕刻上。

　　瓜果纹兴起于隋唐时期，在唐宋两代使用于很多器物上，到了元、明、清，瓜果纹样增多，尤其到了清代，瓜果纹成了吉祥图案中的普遍纹样。

四合如意式平针绣花卉纹云肩

年代　清代
地区　山东
尺寸　边长44厘米

四合如意式贴补绣云肩

年代　民国
地区　河北
尺寸　边长 40 厘米

四合如意式平针绣花卉纹云肩

年代　民国
地区　河南
尺寸　边长 40 厘米

云肩

如意式平针绣花鸟纹云肩

年代　清代晚期
地区　山东沂蒙
尺寸　直径 45 厘米

　　中国的传统服饰中，花鸟纹是使用最多、最频繁的图案类型之一，它不仅是美的体现，也具有一定的吉祥寓意，如有的象征吉祥喜庆，有的象征繁荣生机。

　　吉祥图案内蕴藏着丰富的文化知识，几千年来，中华民族文明纵贯历史沿革，留下了无数瑰丽而灿烂的文化，这些文化是我们华夏子孙引以为豪的共同财富。五千年民族苦难与战乱沧桑未曾让我们的文化中断，在今天这个和平幸福的年代里，更不能中断，将这些传统文化传承下来，是我们的使命，也是当务之急。

柳叶如意式平针绣花卉纹云肩

年代　民国
地区　山东
尺寸　直径 35 厘米

四合如意式平针绣云肩

年代　民国初期
地区　山西
尺寸　边长 37 厘米

柳叶式打子绣花卉动物纹云肩

年代　清代晚期
地区　山东沂蒙
尺寸　直径 45 厘米

柳叶式平针绣花卉纹云肩之一

年代　清末民初
地区　山东
尺寸　直径 40 厘米

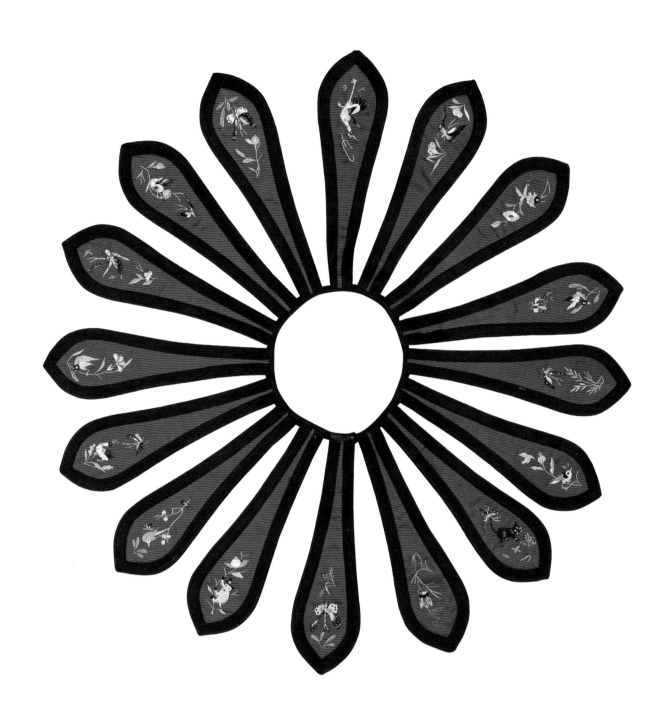

柳叶式平针绣花卉纹云肩之二

年代　民国
地区　山西
尺寸　直径 39 厘米

云肩有大人的、小孩的，大人云肩留存于世的比较多，小孩的却很少。大人穿戴的云肩一般来说做工都比较精细，比较下工夫，但小孩的云肩往往都比较简单，因为孩子长得快，很快就不能穿了。

图中这件就是一件女孩穿戴的小云肩，属于一种变形的柳叶式云肩。但在这里有一点必须要说明，有些尺寸不大的小云肩并不都是小孩子所穿戴的，有很多是大人云肩上的叠层。但也很好区别，从领窝处看，小孩云肩的领口直径不超过 7 ~ 10 厘米，大人的一般不超过 10 ~ 14 厘米。

柳叶式平针绣花卉纹云肩之三

年代　民国
地区　山西运城
尺寸　直径 38 厘米

围涎

贴补绣虎纹围涎之一

年代　民国
地区　山西闻喜
尺寸　直径 22 厘米

　　围涎，是围在小孩前襟上部的护围，为防止涎水或食物污染衣服。围涎又名"围嘴"，也叫"围馋"，北京俗称"孩落儿"。通常采用圆形片状，但也有很多其他造型，如桃形、石榴形、佛手形、虎形、狮子形、猪形、猫形、如意形、娃娃形、鱼形等各种形状。
　　围涎使用范围很广，是典型的民俗艺术，一般都是按当地风俗制作。所以从款式来讲，是民俗刺绣文化最丰富的小件饰品。因为是民俗文化，大同小异，过于精细的很少。所以，刺绣工艺的水平和专业有很大差别。但作为一种民间艺术，反映了中国传统文化在普通老百姓生活中的意义是鲜明的、独特的。

贴补绣虎纹围涎之二

年代　民国
地区　山西
尺寸　长 30 厘米（含尾巴）
　　　宽 28 厘米

　　虎，是人们喜爱的吉祥瑞兽，民间尊其为兽中之王。传说老虎有"镇宅避邪，消灾降福"的神力，为此，人们让孩子戴虎头帽、围涎等，用以避妖魔、驱瘟病，祈盼孩子健康成长。

　　在北方地区，端午节时，家家蒸面老虎，还给小孩做虎头鞋、虎头帽、虎头枕，都是为了辟邪。《风俗通义》说"五月五日生子，男害父，女害母"，为了躲避这个日子，民间未满周岁的孩子，都要到外婆家过端午节，谓之"躲五"，以免病魔、恶魔来侵害。因此，这些虎围涎、虎头鞋、虎头帽是家家都有的必备之物。

贴补绣虎纹围涎之三

年代　民国
地区　山西
尺寸　长 30 厘米（含尾巴）
　　　宽 28 厘米

画绣虎纹围涎

年代　民国
地区　山西
尺寸　直径 22 厘米

　　好多小孩的围涎都是用老虎来装饰，因为旧时称农历的五月为"恶五月"，百虫复苏，瘟病易起，于是人们在快过端午节的时候画虎以辟邪。给小孩戴这些老虎形的围涎，意在借助老虎勇猛的力量辟邪驱祟、消灾免祸、保佑孩子平平安安、健康成长。

二式画绣虎纹围涎

年代　民国
地区　山西
尺寸　直径22～23厘米

四式包花绣虎纹围涎

年代　民国
地区　山西运城
尺寸　长 29 ~ 32 厘米（含尾巴）
　　　宽 27 ~ 29 厘米

二式包花绣虎纹围涎之一

年代　民国
地区　山西
尺寸　长 28 ~ 30 厘米（含尾巴）
　　　宽 27 ~ 29 厘米

　　本书中收录的这些虎围涎大多
是民国时期的，而在中国的 20 世
纪 50 ~ 90 年代一直很流行，包括
虎头鞋、虎头帽。

二式包花绣虎纹围涎之二

年代　民国
地区　山西
尺寸　长 29 ～ 32 厘米（含尾巴）
　　　宽 27 ～ 29 厘米

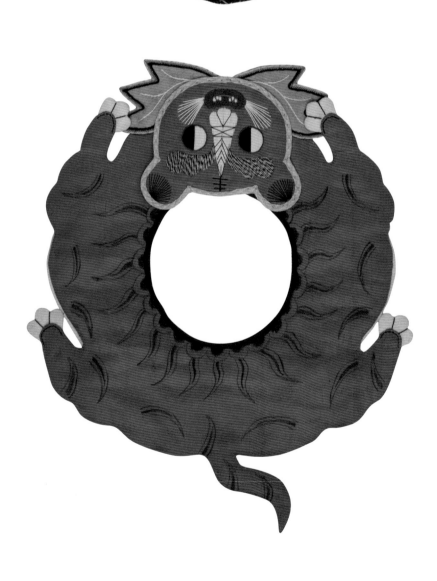

平针绣艾叶虎纹围涎

年代　民国
地区　山西
尺寸　长 27 厘米
　　　宽 30 厘米

　　这件虎围涎是带艾草的围涎，艾草又名家艾、艾蒿，是一种极普通的草本植物。但这种艾草植物在我国则有着比较丰厚的文化意义，它能入药，有去寒湿、去麻痹症等功效。

　　艾草能驱毒辟邪，每年五月初五端午节，人们到处采集艾草，晒干后束成人形，悬挂在门、窗上，可防邪毒之气入侵，能保全家人整年吉祥如意。有的人喜欢把艾草编成虎形，或者用彩布剪出一个虎形，然后将艾叶粘贴上去，这种编结或剪出的东西称为"艾虎"。在山西、陕西、山东、河南等很多地方，妇女们经常在端午节时把艾虎别在发髻上，男人们却把艾虎佩戴在胸前或挂在腰间，希望防止邪毒侵袭，确保身体健康、精神爽快。

　　据说艾草还是一种很有灵气的植物，古代人用艾草占卜，所占之事据说都很灵。艾草还被人们看作是文人的象征之一，所以佩戴艾草编成的各种形状的物件的人，可以增添一些雅气。将艾草编成的物件送给心上人，希望爱情美满。

　　艾草在民俗中有很多文化内涵，直到现在很多农村乡镇每逢端午节仍保留着在大门或窗户上挂艾草的习俗。

平针绣花卉虎纹围涎

年代　民国
地区　山西
尺寸　长 27 厘米
　　　宽 30 厘米

　　民俗文化中之所以喜欢用虎，是因为虎不但能辟邪，还是"百兽之君也"。在古代"虎符""虎节"为调兵遣将的信物，是兵权的象征。在军队中能打仗的军人，称为"虎将""虎士"，以喻英勇善战。
　　民间百姓为了儿女健康成长，起名叫"虎娃""虎妞"，喻其结实粗壮。此外，自古以来有"大人虎变""君子豹变"的说法。因此，虎在中国人心中，虽然是猛兽，但更是人们的吉祥物。

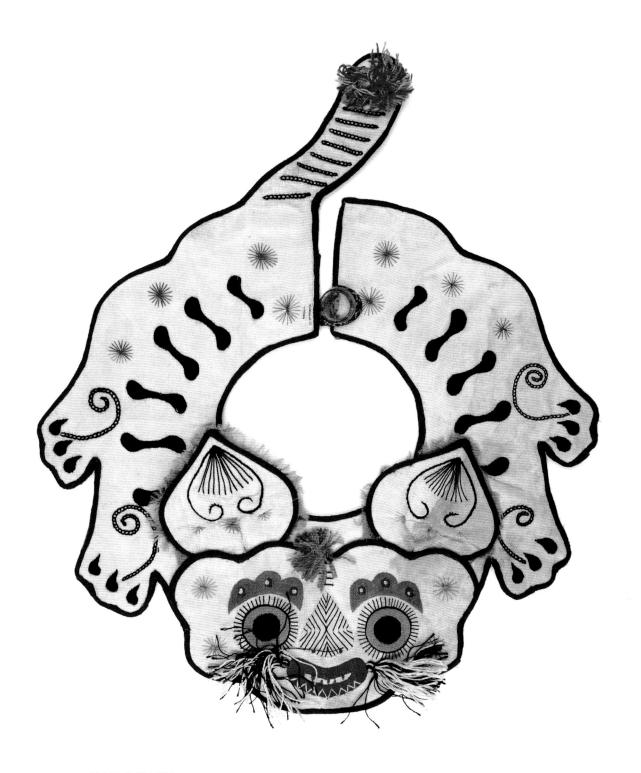

平针绣虎纹围涎

年代　民国
地区　山西
尺寸　长 31 厘米（含尾巴）
　　　宽 27 厘米

　　用虎画虎的时节，主要在端午节，已经成了千百年的习俗。因为古代人视五月初五为不吉利的日子，人们要戴艾虎辟邪，有的在小孩的额头上用雄黄画一个"王"字，其意义是借虎驱邪。

四式贴补绣虎纹围涎

年代　民国
地区　山西
尺寸　直径 20 ～ 22 厘米

　　围涎也称围嘴，是小孩围在胸前的服饰，为防止涎水或食物污染衣服。通常为圆形状，后部开口，有绣一只虎的，也有绣两只虎的。
　　大多是新生儿满月时，孩子的姥姥和母亲娘家人送给宝宝的礼物。

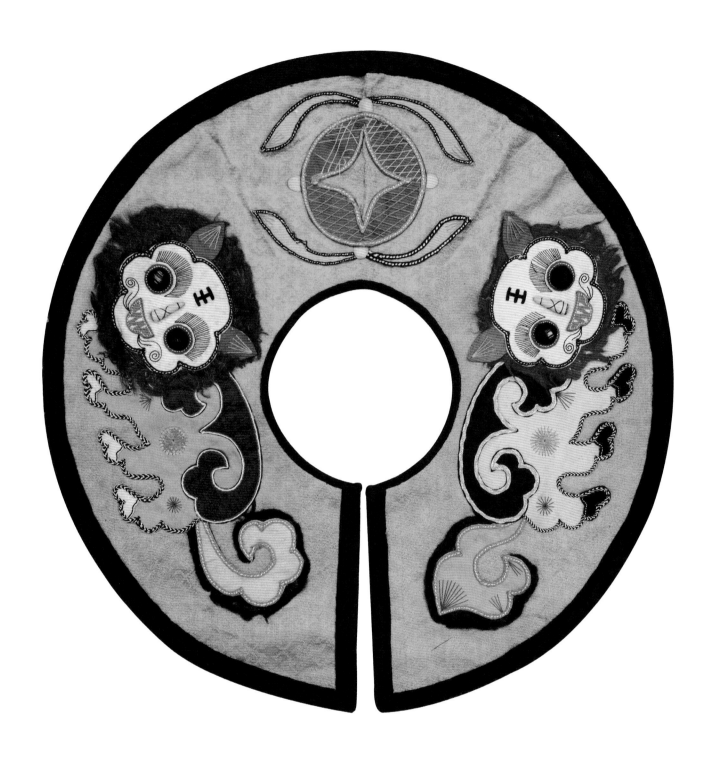

贴补绣古钱虎纹围涎

年代　民国
地区　陕西
尺寸　直径 24 厘米

　　虎文化在中国传统文化中有着深厚的根基，虎在每件饰品中均透出一股凛凛威气，双目怒睁、两耳耸立、四足蹬地、虎尾朝天的造型，气势不凡。正因如此，虎成了吉祥物，装饰在各种艺术品中。

贴补绣诸事如意围涎

年代　民国
地区　山西
尺寸　长 33 厘米（含尾巴）
　　　宽 28 厘米

　　农村有句俗话："富不离书，穷不离猪"。

　　在中国农村再穷的人家都要养一头猪，因为在农村主要经济来源就是饲养家畜、家禽和菜园子得些收入，而最大的收入就是到了年底把猪卖了，这是笔大钱。可见儿童的围涎、帽子、鞋子、枕头等，有那么多的饰品都用猪来表现，这不仅是财富的象征，更是一个很有趣的造型。从表面上看，猪又笨又脏给什么吃什么，不挑食好养活，也就是说越是命贱的，越有生命力。所以人们心甘情愿地用猪的形象装饰自己的孩子，不怕他"命贱"，只盼他有长生富贵的前途。对农民来说，猪是农家宝，又是十二生肖之一。"猪"与"诸"谐音，"诸事如意"象征家族兴旺、富有。类似的题材有"肥猪拱门""肥猪驮摇钱树""肥猪驮聚宝盆"等，都是代表五谷丰登、送财添富。

　　在中国千百年来，民间常以猪头祭祀祖先、神祇，象征财富，这种活动流行于中国很多地区。因此，猪不仅是十二生肖之一，更是人们喜爱的吉祥物。

三式平针绣阿福围涎

年代　民国晚期
地区　陕西
尺寸　长25～27厘米
　　　宽22～24厘米

吉祥图案有很多是关于儿童的题材，给人带来喜庆的气息，欢欣悦目的感觉，如"和气致祥""子孙万代""麒麟送子""五子夺魁""五子捧寿""福寿三多""连中三元""梅花童子"等很多有关儿童的图案，让人看了倍感亲切。这些儿童图案表达了天下父母对儿女的爱，寄托了多子、富足的美好愿望。

这种抓髻娃娃在山西和陕西两地很多，是西北地区的一种传统的生命主题纹样，兼有招魂、辟邪、招财、祥和等内容。

生龙活虎围涎　　　　　　　　　　　　　虎头王围涎

猫纹围涎

花卉纹围涎

四式贴补绣围涎

年代　民国
地区　陕西　山西
尺寸　直径 22 ～ 24 厘米

　　儿童围涎的纹样一般比较可爱生动，且富含吉祥寓意，如第三个围涎中的猫纹。

　　猫与虎在外形上极为相似，传说猫为虎师，虎的本领皆为猫所授，但猫留了一手上树没教。一天，虎和猫闹翻了，虎要吃猫，猫被追得上了树，免受一灾。但猫在这里也是吉祥物，"猫"与"耄"谐音，"耄耋之年"代表的是长寿之年，是对健康长寿的期望，是对生活的热爱。

贴补绣桃形围涎

年代　民国
地区　山西
尺寸　直径22厘米

平针绣寿桃花卉纹围涎

年代　民国
地区　山西太原
尺寸　直径25厘米

传说王母娘娘在天上有个桃园，种有仙桃，吃了可以延年益寿。这种仙桃是三千年一开花，三千年一结果，吃一个可增寿六百年。当仙桃成熟时，王母娘娘邀请众神仙到天宫中来举行蟠桃宴会。

汉代东方朔曾三次偷吃王母娘娘的仙桃。汉武帝曾得王母娘娘赠送的仙桃四个，吃后口有余味，就把桃核收集起来，想带回去种在园中，王母娘娘说："此桃三千年一生食，中夏之土太薄，种下来也不结果实"。汉武帝只好罢手。

桃，被普遍认为是长寿的象征，用于祝人寿诞。

二式平针绣桃形花果动物纹围涎

年代　民国
地区　陕西
尺寸　长 25 ～ 26 厘米
　　　宽 30 ～ 32 厘米

在 2000 多年的历史发展中，桃渐渐成为中国最具文化特色的吉祥图案，在人们的日常生活、宗教观念、审美观念中成为最重要的吉祥物。尤其在民俗观念上已成为中国民间艺术不可缺少的图案，不论是小孩出生，过生日，还是给老年人祝寿，桃成了最重要、最吉利、最为人们喜爱的礼物。

从民俗文化上讲，人人都知道，桃为五木之精，能压伏邪气，所以鬼畏桃木。因此，后人以桃木置于门外或挂桃枝于门外，可驱鬼辟邪。古时还有一种以桃木制成的桃符，就是在桃木板上画神荼、郁垒二神像，正月初一，立于门旁，以驱百鬼。后来人们在桃木板上书写对联，这就是春联的来历。

久而久之，桃成了吉祥物。从民俗来讲，"桃"与"逃"谐音，小鬼一见到门上挂桃枝，就吓跑了。

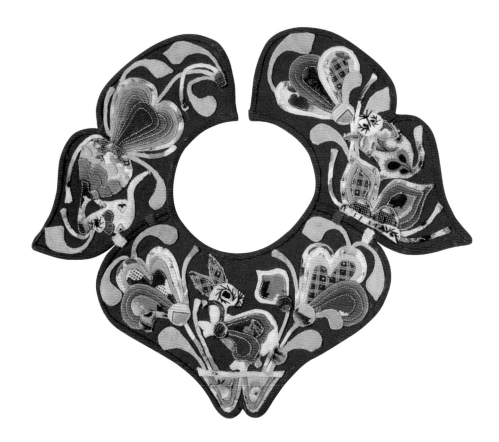

二式平针绣桃形花卉纹围涎

年代　民国
地区　陕西
尺寸　长 25 ~ 28 厘米
　　　宽 27 ~ 31 厘米

二式平针绣石榴形蝴蝶纹围涎

年代　民国
地区　山西
尺寸　长 27 ～ 31 厘米
　　　宽 26 ～ 27 厘米

　　石榴的吉祥寓意主要是多子。据《北齐书·魏收传》记载，北齐文宣帝高洋之侄—安德王高延宗纳赵郡李祖收之女为妃。当文宣帝高洋到李妃娘家做客时，李妃的母亲宋氏以两个石榴相赠。文宣帝不解其意，大臣魏收解释说："石榴房中多子，王新婚，妃母欲子孙众多。"

　　自此以后，以石榴祝多子的习俗更加流行，不论是官家还是民间婚嫁时，新房中均有裂开的石榴或石榴画，以图祥瑞。一幅画着石榴半开的吉祥画叫做"榴开百子"或"石榴笑开口"。石榴的"石"与"世"谐音，代表世代。一幅画着石榴、官帽、腰带的图，可以用来祝颂家族中的官职世代相袭。

　　石榴在刺绣中运用最为广泛，荷包、肚兜、围涎、镜帘、门帘、桌围、寿屏等运用之多、之广，与中国人的生活十分密切。

包花绣瓜果纹围涎

年代　民国
地区　山西忻州
尺寸　边长 24 厘米

　　"包花绣"是民间常见的一种绣法，绣时在裁剪好的面料内填充棉花，令绣品立体、饱满。这种包花绣几乎遍布全国，是民间很受欢迎的一种绣法，大小件绣品都使用，以小件使用较多，大件绣品有屏风、挂牌、四扇屏、六扇屏、八扇屏、对联等，小件绣品有荷包、围涎、云肩、镜套以及挂件装饰品等。

贴补绣南瓜纹围涎

年代　民国
地区　山西忻州
尺寸　直径 25 厘米

　　瓜，在吉祥图案中是最为常见的祥瑞图。瓜与葫芦一样，具有结籽多、藤蔓绵长的特点，被视为吉祥之物。
在绵长的藤蔓上，大瓜、小瓜累结，是世代绵长、子孙万代的象征，所以中国人用"瓜绵"一词喻子孙众多。在
陕西、山西等地，每年七月初七"女儿节"以瓜为赠礼，有送子之意。
　　虽然有很多瓜的图案，但纹图不尽相同，一般常见的是南瓜图案较多，因为南瓜藤蔓卧地而绵长。另外还有
"天长地久"的吉祥图案，由天竹、南瓜及长春花的纹图构成。

二式贴补绣佛手纹围涎

年代　民国
地区　山西
尺寸　直径 21 ～ 25 厘米

　　佛手是一种果实，形体很有特点，状如人手，分散如手指，拳曲如手掌，故而称佛手。佛手能散发出一种特殊的香味，因此很多人将它放在家中欣赏。

　　佛手的"佛"与"福"谐音，所以佛手的一个吉祥意义是祝福。一幅画着或绣着桃子、石榴与佛手的图案，就是人们常说的"三多"，桃子象征长寿，佛手象征幸福，石榴象征多子。

拉锁绣鱼戏莲喜鹊登梅围涎

年代　民国
地区　山西
尺寸　边长 20 厘米

　　拉锁绣也称"打倒子""绕线"。以大小两针各引一线，先将大针引线绣出地面，小针刺出一半，用大针引线绕小针一周，称小环。然后引出小针向左压住线环刺下，再由线环右侧刺出一半，用大针引线一周，引出小针仍向左，由第一针原针眼刺入，固定线环。事实上，大针自引出全线后即不复上下，只做缠绕行进，小针则上下穿刺固定线环，行针方法与"切针"相同。
　　拉锁绣也是较为复杂且费工费时的一种绣法。

贴补绣花卉纹围涎

年代　民国
地区　山西长治
尺寸　边长 22 厘米

二式贴补绣一路连科围涎

年代　民国
地区　陕西
尺寸　边长 21 ～ 22 厘米

　　一路连科是中国传统吉祥图案；是对应试考生的祝颂，常运用于儿童服饰中。

　　下图中的围涎采用了石榴形。在山西农村，几乎家家院落里都种有枣树、柿子树，在屋前还种有石榴树。

　　石榴每年农历五月开花，时值夏季。中国人把石榴花与兰花、蝴蝶花、海棠花合称为"四季花"。而石榴最主要的寓意是房中多子，民间以"榴开百子"象征子孙满堂。书中很多石榴的纹样（果皮是进开的，露出石榴子），寓意是祝愿宜男多子。

平针绣花鸟纹围涎

年代　民国
地区　山西襄汾
尺寸　直径 23 厘米

动物纹围涎

平针贴补绣蝴蝶纹围涎

年代　民国
地区　陕西
尺寸　直径 22 厘米

　　之所以吉祥图案中缺不了蝴蝶，是因为蝴蝶有着美好的寓意。在昆虫王国中，蝴蝶是最美丽的昆虫之一，被人们誉为"会飞的花朵""虫国的佳丽"。它们对爱情坚贞不渝，据说一生只有一个伴侣。蝴蝶在中国传统文化中是高雅文化的代表，是幸福爱情的象征。中国传统文学中常将双飞的蝴蝶作为自由恋爱的象征，借此表达人们对自由恋爱的向往与追求，《梁山伯与祝英台》就是其中的典型代表。

　　蝴蝶的"蝶"与"耋"同音，所以蝴蝶也代表长寿。

蝴蝶纹围涎

花卉纹围涎

二式平针绣花卉瓜果纹围涎

年代　民国
地区　山西
尺寸　直径 22 ～ 24 厘米

瓜果纹围涎

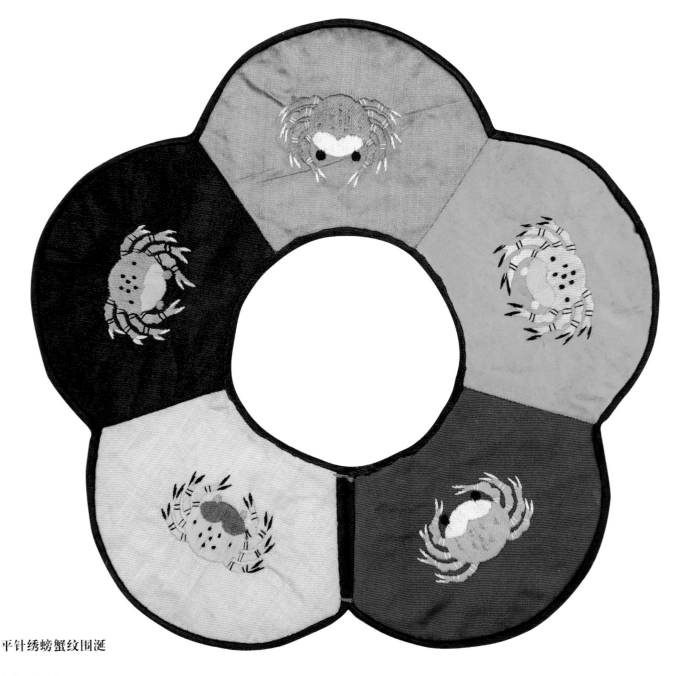

平针绣螃蟹纹围涎

年代　民国
地区　山西
尺寸　直径 22 厘米

　　在中国民俗吉祥图案中，有很多动物昆虫纹样象征着美好前景。

　　动物纹样或粗犷、或奔放、或生机勃勃、或有些让人扑朔迷离，但它们的寓意一定是美好的。因为吉祥图案创作的原则，就是"有图必有意，有意必吉祥"。这些图案传承了几千年，是古人对美好生活的憧憬和对理想的追求，已经成为中国传统文化的象征图案和标志性符号。

　　就图中这件绣满螃蟹的小围涎来说，其实有着状元及第的含义。螃蟹的外壳很硬，也可叫甲壳，科举时代，经皇帝殿试，于数百名举人中取十名，一甲三名，二甲七名。将贡生分为三级，即三甲，一甲，第一名就是状元。古代科举制分为乡试、会试、殿试三级，殿试级别最高，且有三甲之分。而揭晓名次的布告用的是黄纸书，故而称之为"黄甲"。在中国传统图案中有"一甲一名"和"二甲传胪"的吉祥图案，都是寓意科举及第之意。因此，中国的每一幅吉祥图案都有着深刻的文化内涵。

　　这些看来很民俗化的民间儿童绣品，却隐含着父母对儿女未来美好人生的期盼。

平针绣金鱼纹围涎

年代　民国
地区　山西
尺寸　直径 22 厘米

　　"金鱼"与"金玉"同音异声。金玉为珍宝，"金玉满堂"，形容财富之盛。在国泰民安的大环境中，金鱼因色彩绚丽、姿态雍容，深得人们喜爱。所以"金玉满堂"图案流行于中国的千家万户。
　　另外，吉祥图案中还有一种"鱼化龙""鲤鱼跳龙门"的故事。传说鲤鱼跳过了龙门就变成了龙，鱼化龙为神变传说。从字音上解释鲤鱼的"鲤"与"利"谐音，故"渔翁得利"和"家家得利"说的是鲤鱼而不是金鱼。虽然金鱼和鲤鱼都是鱼，但是两种不同概念的鱼。鲤鱼的"鲤"是为求利者喜闻乐见的，而"家家得利"是众人皆大欢喜的题材。

平针绣喜鹊登梅围涎

年代　民国
地区　山西襄汾
尺寸　直径 24 厘米

　　喜鹊能报喜的观念，早在 2000 多年前便已在民间流行。

　　盛唐时期的张鷟，在他编写的《朝野佥载》中，记录了一个这样的故事：贞观末年，有个叫黎景逸的人，特别喜欢鸟类，黎家门前的树上有个鹊巢，他常用饭粒喂食给在巢里的鹊儿，时间一长，鸟和人有了感情，鹊儿常飞到窗台上，叽叽喳喳，踩足振翅，给他的生活增添了许多快乐。不久，附近发生了一桩盗窃案，诬告说是黎景逸干的，于是被关进了监狱，正当黎景逸痛苦时，耳边传来叽叽喳喳的喜鹊声，抬头一看正是他喂食的鹊儿在监狱窗外的树枝上，正对着自己欢叫不停。接着他听到狱卒说他被大赦了。有很多有关喜鹊的故事，内容也多种多样，如两只喜鹊面对面的鸣叫，称为"喜相逢"；双鹊中加一枚铜钱，称为"喜在眼前"；一只獾和一只喜鹊在树上树下对望，称"欢天喜地"；一只喜鹊仰望太阳，称为"日日见喜"……喜鹊在民间有很高的威望，所以喜鹊在中国人的观念中，是一种报喜的鸟，民间也称它为"神鹊"，还称它为"神女"。

包花绣莲子纹围涎

年代　民国晚期
地区　陕西
尺寸　直径 21 厘米

平针绣二龙戏珠围涎

年代　民国
地区　山西闻喜
尺寸　直径 23 厘米

　　从古至今，龙一直被视为中华民族的图腾，是中国古代的吉祥瑞兽，也是权利的象征。由两条龙戏耍珠子组成的二龙戏珠图案为吉祥图案中常见纹样之一。关于龙珠有若干种说法，《庄子》中说"千斤之珠，必在九重之渊而骊龙颔下"。"珠"指的是太阳，所以在很多的二龙戏珠图案中，龙珠上有火焰，下面多为海水。还有说龙珠是指佛教中的宝珠摩尼珠，又名如意珠。龙戏珠是在佛教传入中国后才产生的，在唐宋之前的图案介于双龙之间的多为玉璧式钱币图案，所以有人据此认为，龙戏珠与佛教有很大关系。
　　二龙戏珠中间的珠子有好多种，有中间为团寿的，称为二龙戏寿，那是对长寿的祈求和渴望。这件围涎二龙中间这颗"珠"是蜘蛛，用小爬虫代替了珠子，"珠"与"蛛"谐音，在吉祥图案中，蜘蛛被视为喜珠，仍是一种吉祥的代表。

贴补绣虎头王围涎

年代　民国
地区　陕西
尺寸　直径 21 厘米

　　这种虎头王的围涎多出于陕西。有圆形也有其他样式，首先依照纹样选好各色的布料，剪出所需形状，然后再缝合成形。

　　这种传统的习俗世代流传，至今不衰。笔者在 1968 年响应党的号召去了山西插队落户，在一些山区、平原、丘陵地区经常看到一些儿童戴着这类饰品，从那时起就开始注意这些东西，且深深地扎根于心。

　　因此，笔者十分感谢插队生活的那段时光，记忆犹新，永远难以忘怀。

平针绣花鸟纹围涎

年代　民国
地区　山西襄汾
尺寸　直径 21 厘米

琴棋书画围涎

二式贴补绣围涎

年代　民国
地区　山西
尺寸　直径 22 ～ 25 厘米

虎纹围涎

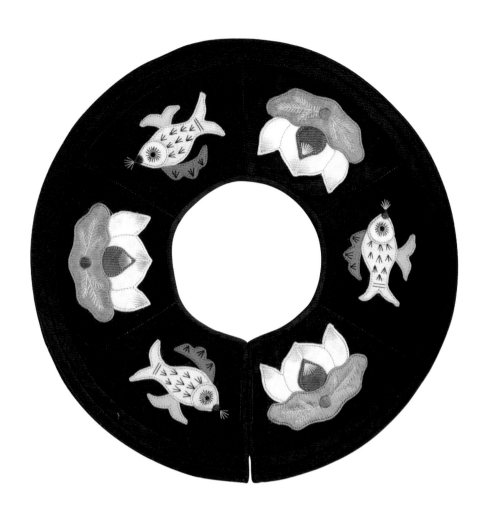

二式贴补绣鱼纹围涎

年代　民国
地区　山西
尺寸　直径 22 ～ 24 厘米

　　"鱼"与"余"谐音，寓意富裕美满。此外，鱼还因其有很强的生殖能力，因此也是多子多孙的象征。

　　常见的关于鱼的吉祥纹样主要有"年年有余""吉庆有余""金玉满堂""鲤鱼跳龙门"等，尤其是"鲤鱼跳龙门"的图案备受人们的喜爱。古时候的科举制，人们把考上状元称为"登龙门"，以此形容科举得中，金榜题名。望子成龙是天下父母对孩子的期望，其实，几千年来，中国人一直把读书和日后升迁紧紧联系在一起。孔子曰"学也，禄在其中矣。"他以精辟的语言，将读书的功利主义本质批注得明明白白。

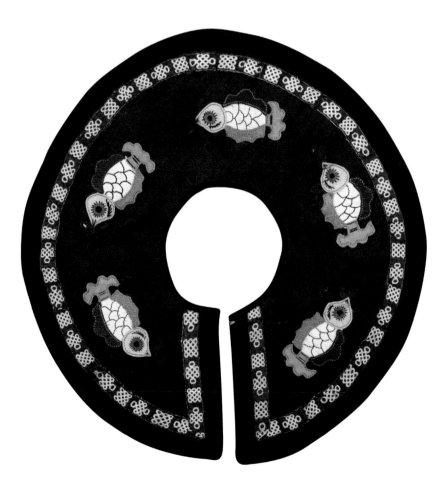

贴补绣鱼纹围涎

年代　民国
地区　山西
尺寸　直径 23 厘米

贴补绣四艺雅聚围涎

年代　民国
地区　陕西
尺寸　直径 22 厘米

　　吉祥图案中绣古琴、棋盘、书卷、轴画，象征国泰民安、文运昌盛。四艺雅聚的吉祥图不光用在刺绣上，它的用途很广泛，在金银首饰、木器雕刻、瓷器、玉器上都常用这样的图为主题，也是人们最喜欢的带有文人雅味的吉祥图案。

如意纹围涎

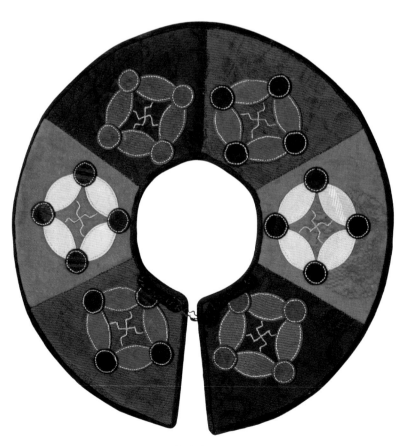

卍字钱套纹围涎

二式贴补绣围涎

年代　民国
地区　陕西
尺寸　直径 22 ～ 24 厘米

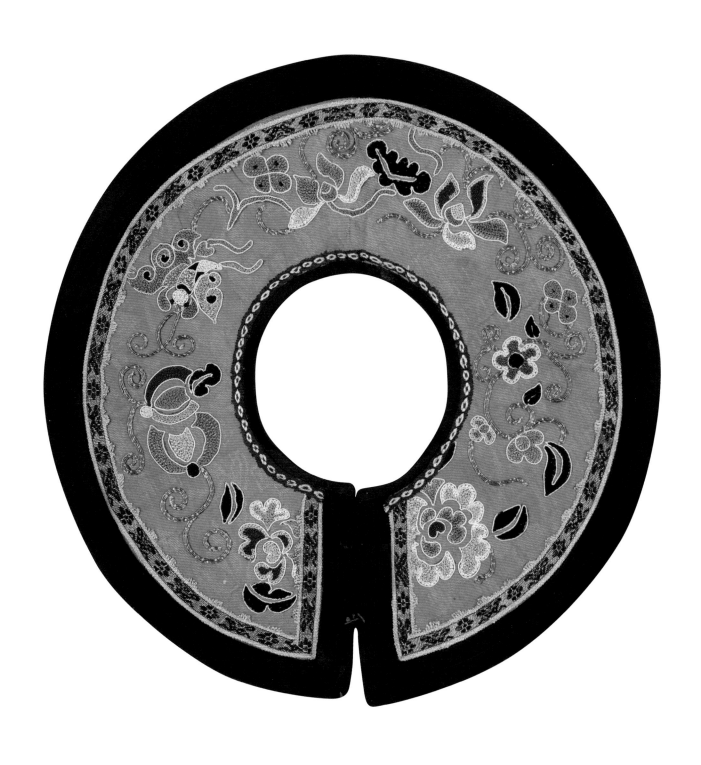

打子绣花卉纹围涎

年代　清末民初
地区　山西太原
尺寸　直径 23 厘米

打子绣卡拉呢如意纹围涎

年代　清末民初
地区　北京
尺寸　长 18 厘米
　　　宽 30 厘米

　　这是一件较精致的儿童围涎。用的底料为卡拉呢，是清代从俄国进口的上等料子。纹饰为如意纹。四周绣工均用打子绣，是刺绣中较复杂的一种针法。
　　领扣用银镂空工艺装饰，事体形状犹如一只飘舞的彩蝶，很具艺术性和装饰性。此围涎构图精巧，设色雅致、绣工精细，品相完美，既有情趣，还有观赏性，是儿童围涎中的佳品之作。

帽　鞋　杂项

平针贴补绣相公蝴蝶帽

年代　民国
地区　山西

　　儿童鞋帽在中国民间是讲究而有意义的文化品类。中国老百姓自古代就非常重视子女的成长，从出生后穿什么鞋、戴什么帽，一直很讲究，并用心制作，饱含着对孩子们的美好期盼和祝福。男童鞋帽的纹样主要为动物纹，如虎头鞋帽、狮子鞋帽、猪头鞋帽、猫头鞋帽、鱼头鞋帽等；女童鞋帽多用植物纹样及百鸟凤凰纹等。

　　儿童帽在民间很流行，而且种类很多。由于各个地区的风俗不同，纹样款式变化也比较多。我们常见的儿童帽很多来自于黄土高原、华北地区，这些地区都有给儿童做帽子的风俗。

　　这顶相公帽的形状颇像乌纱帽，做成这种形状的帽子在民间被视为官帽，希望孩子将来长大能进入仕途。帽顶上方绣牡丹代表富贵，加上中间的一只大蝴蝶做装饰，共同构成了"蝴蝶戏牡丹"纹样，象征着仕途顺利、吉祥富贵。受仕途文化的影响，民间有很多这样的相公帽流传于世。虎头帽在民间已成为各种童帽的总称，一些不是虎头帽的也可划入虎头帽的范畴中。

缝缀银饰的儿童帽

年代　民国
地区　山东

　　这顶缝缀银饰的帽子为风帽，在北方地区很盛行，尤其在山东地区。因冬季寒冷，故风帽多有披帘，以护后颈。这是一顶棉帽，背面绣花，前面缝缀银饰，风格粗犷，是山东民俗帽中比较讲究的儿童帽子。

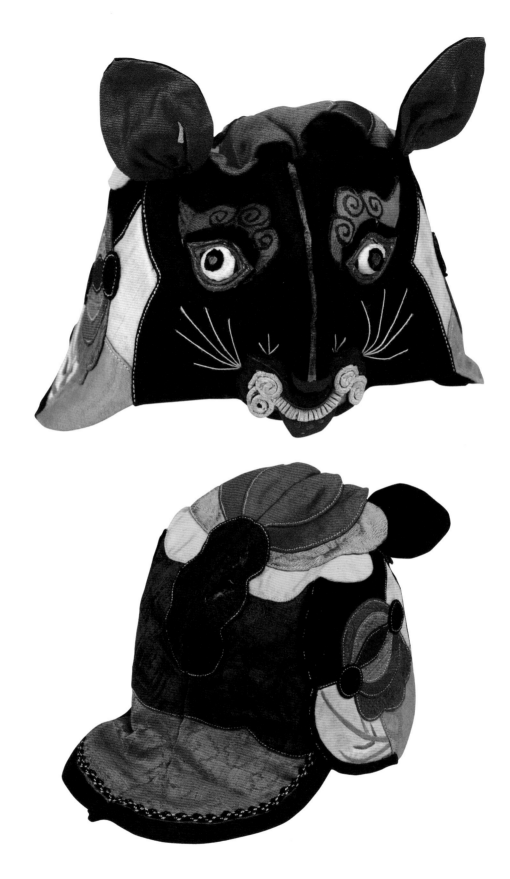

贴布绣猫头帽

年代　民国
地区　山西

　　传说猫才是百兽之王，本领高强，品德高尚。老虎曾经拜它为师，猫教会它所有本领，但留了一招，因为猫看出了老虎不诚实，所以没教它爬树。果然有一天，老虎私欲大发，想吃掉猫，自称百兽之王，于是猫爬到了树上，当众羞辱了老虎，老虎从此无脸见人，只好跑到深山占山为王。猫仍然留在百姓当中，用它那对锐利的眼睛震慑鬼怪。所以民间给孩子戴猫头帽、穿猫头鞋是为了驱妖辟邪，祈盼孩子健康平安。

画、贴补绣虎头帽

年代　民国
地区　山西

虎头帽也称老虎帽，是流行范围最广的一种，也是流传于世数量最多的一种。
虎头帽是一种以老虎头装饰的儿童帽。虎是人们喜爱的祥瑞兽，民间尊称为兽中之王。传说老虎有镇宅避邪、消灾降福的神力，为此在中国民间让儿童戴虎头帽、穿虎头鞋，用虎头围涎、虎枕、虎坎肩等，认为既可避邪又能驱瘟病，令儿童健康成长。

包花绣虎头帽

年代　民国
地区　河北

　　儿童帽在民间很流行，而且种类很多。由于各个地区的风俗不同，儿童帽的纹样款式变化也比较多。常见的儿童帽主要为黄土高原、华北地区的。这些地区都有给儿童做帽子的风俗。

　　在民间，素有戴老虎帽的风俗，因为老虎凶猛，能给人带来勇敢，就像穿猫纹鞋能使人变的敏捷聪慧一样，已成为中国民间千百年的风俗。也都是为了图个吉利，才有了这些物件，总之，穿戴这些吉祥物件都是为了平平安安、健康成长的一种美好愿望。

带穗虎头帽

年代　民国
地区　山西

　　在山西这块土地上，民俗生活特别浓厚，为了让孩子健康成长，平安渡过各种难关，从头到脚都以虎纹装饰，如虎头帽、虎头鞋、虎纹肚兜等。

　　儿童帽特别重要，因为它是一身之冠首，母亲会竭其所能把帽子做得生龙活虎。如狮子帽等，而虎狮在中国民间已经随着年代合二为一，它们都是百兽之王，都是辟邪镇宅的勇猛动物，都是被民间视为保佑庶民、保佑儿童的神兽。所以在民间，虎帽、狮帽最多，其次是麒麟帽、鱼帽、猪帽、鸡帽、兔帽、金瓜帽、石榴帽等。还有很多帽子在帽尾缝缀上银八仙、银福禄寿三星、银铃、铜铃等。孩子戴上这些有响铃的帽子满院跑，铃声就像一种信号，跑到哪里母亲都能听到。这不仅反映了传承在儿童身上的虎狮崇拜，更反映了虎狮文化在民俗中的重要位置。这些保护神，已经成为中国民间老百姓的吉祥物。

贴补绣狮子帽

年代　民国
地区　河北

　　人们说狮子有时比老虎还凶猛，所以也被称为百兽之王。
　　狮子虽不是中国的原产物种，但中国却有地地道道的关于狮子的文化。狮子塑像在中国随处可见，"舞狮子"在很大程度上，已经成为中国佳节时活动的重要节目之一，并被搬上舞台流传至今。北京卢沟桥上的石刻狮子，不但是精美的艺术品，更多的是有镇邪之意。中国绍兴的古桥两端分别蹲着一对石狮子，也是用于镇水防灾。总之，狮子在历史的演变中已成为中国人的吉祥物。

贴补绣猪头帽

年代　民国
地区　山西

平针绣花卉人物纹带穗女童帽

年代　民国
地区　山西

浅绿缎地多子多福女童帽

黑缎地虎镇五毒女童帽

四式缎地女童帽

年代　民国
地区　山西

　　清代妇女一般不戴帽子，只在小时候戴帽子。不像男孩的光头或短发需要戴帽，女孩的头发长，尤其长到三岁以后。但有一种帽子可以戴，就是本书中收录的几顶没有帽顶的帽子，也叫凤帽，主要在春秋两季戴，起到防风护颈的作用，而且这种没有帽顶的帽子只在山西发现的较多。

　　在山西、陕西地区的民俗文化中，服饰种类丰富，刺绣花样繁多。光童帽就不知有多少种，且把男、女童帽明确区分，其中最大的区别是男帽有帽顶，女帽没有帽顶，这种风俗流行区域主要集中在山西和陕西，其实在山东、河南某些地区也有流行。

红缎地南瓜纹女童帽

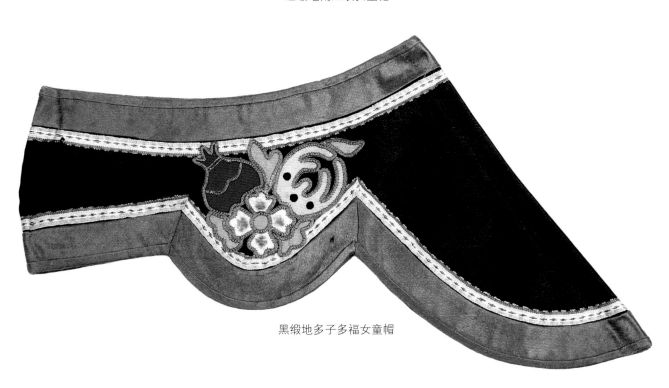

黑缎地多子多福女童帽

　　为什么男孩的帽子带顶，女孩的帽子不带顶？依笔者研究，主要是女孩头发长，天天要梳理，戴上带顶的帽子容易把头发弄乱。男孩头发短，不需要天天梳理头发，仅此而已。仔细想想，这种女孩戴的帽子，其实很实用，既好看又不影响小孩的面容，头顶上扎个鬏，下面梳个小辫都不受影响。

　　这种无顶帽设计非常合理，一般工艺不多，两端有些简单的刺绣点缀作为装饰，多采用剪贴绣和包花绣，针法不复杂。

二式缎地虎纹女童帽

年代　民国
地区　山西

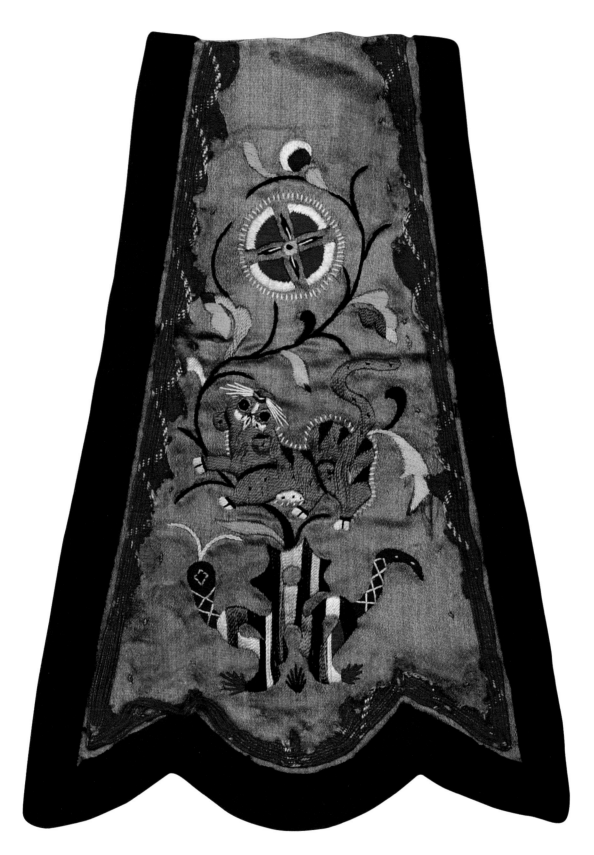

平针绣虎纹帽尾

年代　民国
地区　山西
尺寸　长 27 厘米
　　　宽 19 厘米

鹿纹帽尾

荷花纹帽尾

四式平针绣帽尾

年代　民国
地区　山西
尺寸　长 20 ～ 23 厘米
　　　宽 10 ～ 13 厘米

盆景花卉纹帽尾　　　　　　　　　　　　　　　花卉纹帽尾

　　帽尾也是地域文化的一种，主体形状是上小下大，做好后与帽子缝缀在一起，很多帽子都是以这种缝缀方式来组成的。很多琳琅满目的吉祥图案在帽尾上展现得多姿多彩，有花卉纹、瓜果纹、动物纹、人物故事纹等，刺绣题材以各种针法施展于小小的帽尾上，反映了当时地方的民风与民情，这些童帽在清代、民国，至20世纪50～60年代时期流行区域很大，种类数量也很多，以至现在仍流行着这种童帽，传承着这古老而文明的帽饰文化。

　　鹿纹是中国传统吉祥纹样之一，是较早出现的装饰纹样。鹿纹表现形式多样，造型丰富多彩，有在山间奔跑或在树下漫步等。应用范围也较广泛，在商代玉器上已经开始用鹿纹，春秋战国时期的青铜器上、瓦当上也常使用鹿纹。另外，鹿"食则相呼，行则同旅，居则环角向外以防害"，具有群居的特点。"鹿"与"禄"谐音，所以鹿也象征着富裕。在吉祥图中，一百头鹿在一起称"百禄图"，鹿和蝙蝠组合表示福禄双全，鹿和"福寿"二字在一起表示"福禄寿"。

白缎地平针绣刘海戏金蟾花卉纹帽尾

年代　清末民初
地区　山西
尺寸　长 22 厘米
　　　宽 17 厘米

红白缎地平针绣白蛇传"祭塔"帽尾

年代　清末民初
地区　山西平遥
尺寸　长 20 厘米
　　　宽 14 厘米

平针绣花卉纹船鞋之一

年代　清代
地区　北京

平针绣花卉纹船鞋之二

年代　清代
地区　北京

平针锁绣花卉纹船鞋

年代　清代
地区　北京

打子绣瓜瓞绵绵寿字纹童鞋

年代　清代
地区　北京

二式狮子纹童鞋

年代　民国
地区　山西

　　鞋是极普通的生活用品，但鞋在民俗信仰中又确确实实占有一定的地位。从个人来讲，笔者并不喜欢三寸金莲的小脚鞋，那是对妇女的一种伤害。但鞋有一个最好的寓意，"鞋"与和谐之"谐"同音，与同偕到老的"偕"亦同音，所以象征着"同偕到老"。

　　儿童鞋笔者是非常喜爱的，看看今天的大脚，再看看儿时曾穿过的鞋，那真是儿时美好的记忆。儿童鞋很有趣味，如常见的虎头鞋、狮子鞋、猪头鞋、猫头鞋等。

　　虎头鞋象征老虎，老虎是百兽之王，鬼魅见了敬而远之。狮子鞋和老虎鞋一样，狮子也是森林之王，是避邪

的镇兽，凶猛强壮，鬼怪不敢近身。

　　猪头鞋的猪好养活，给什么吃什么，而且肥肥壮壮，象征孩子肥肥壮壮健康成长。

　　猫头鞋的猫形象逼真，精巧可爱，而且猫非常灵活，爬树特别快，据说还是老虎的师傅。孩子穿猫头鞋是为了驱妖避邪，保证孩子能健康平安。笔者对儿童的鞋、坎肩、肚兜、围涎等物件非常喜欢，主要是因为里面有故事、有文化。

狮子纹婴儿鞋

年代　民国
地区　陕西

二式虎纹婴儿鞋

年代　民国
地区　山东

　　给孩子穿虎头鞋是中国一种古老的民俗，虎头鞋最突出的是鞋头上的老虎头，眉目之间绣一个王字，象征老虎是百兽之王，鬼魅见了敬而远之。所以人们认为，小孩穿虎头鞋可以辟邪、健康，长得胖乎乎、虎头虎脑令人喜爱。
　　除了老虎鞋外，孩子们还穿猪头鞋、牛头鞋等属相鞋，中国民间传统文化影响深远，祖辈传下来的习俗认为，孩子穿了猪头鞋，吃的多，不挑食；穿了牛头鞋，身强力壮，结结实实。实际上，这是人们通过联想而产生的一种求平安的吉祥习俗。

虎纹婴儿靴

年代　民国
地区　山东

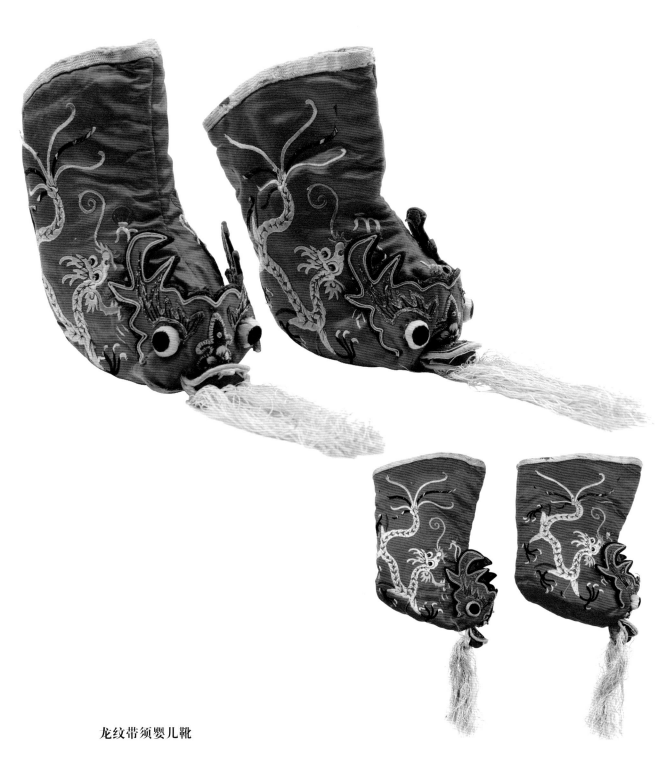

龙纹带须婴儿靴

年代 民国
地区 山西

　　书中的很多图案中都充分表现出了中华民族丰富的文化，是一份丰盛的盛宴，充实着我们的精神生活和物质生活。通过这些图案，可以寻找民族的根，把握文化的脉。

　　在这双鞋中，使用了龙的图案。龙从创造出来那天开始，就以各种形象、各种面貌出现，在中国人的观念中，龙在中国已经成为最大、最神、最吉祥的神物，它无一刻离开过中国人的生活。因此，从古至今，朝野士庶都尊它为动物之长乃至万灵之长。正因为龙有这样的神力，龙成了中国吉祥图案中使用最多的纹样，广泛运用于建筑、织绣、木雕、瓷器、玉器、绘画、金银首饰、牙雕等中，包括很多儿童用服饰和生活用品，如龙帽、龙鞋、龙枕、龙被褥等，甚至给孩子起名也要带个龙字。可见，龙在中国人的心目中所占的地位是极其重要的。

猪纹婴儿鞋

年代　民国
地区　山西　山东

　　中国老百姓对穿鞋很讲究。在农村插队时，听老农说穿什么样的鞋都有讲究，要先穿猪鞋、后穿虎鞋。猪能吃能睡，身体强壮，身体壮了再穿虎鞋，希望孩子能像老虎一样成为"百兽之王"。借老虎的威风驱邪避灾，有老虎守着，别的害虫就不敢靠近，以保佑平安。

二式兔纹婴儿鞋

年代　民国
地区　山东

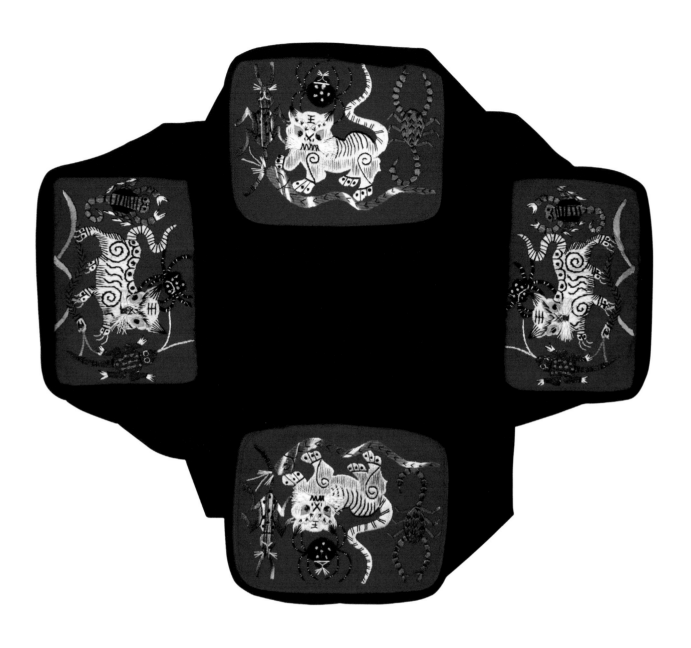

二式平针绣虎镇五毒儿童枕顶套之一

年代　民国
地区　山西

　　枕顶绣是民间刺绣品种之一，它兴盛于清代到民国，流传至今，多出自民间妇女之手，在中国无论是南方还是北方都很普遍。在枕顶这块不大的天地中，妇女们倾注了无尽对未来美好生活的憧憬和渴望，质朴的情感渗透在针针线线之间，同时也用其美化了生活。

　　枕顶套两边为枕顶，中间为枕套，其内容题材广泛，纹样无论大小都有吉祥的寓意，而且蕴涵着丰厚的民间吉祥文化。实际上就是传统吉祥纹样的图典大集，形成了众多的吉祥物和吉祥图案，真乃头枕吉祥，神清梦稳。物虽小也不起眼，却是每个人都离不开之物。

二式平针绣虎镇五毒儿童枕顶套之二

年代　民国
地区　山西

　　传世的枕顶套，为大人用的较多，图案也丰富，小孩的却很少。小孩的枕顶套狮虎纹的较多。因为狮虎可以镇五毒、保平安，每家的父母都要给孩子做虎纹的肚兜、枕顶、虎头鞋、虎头围涎、虎头帽等，就是要起到辟邪的作用，保护孩子健康成长。大人用的枕顶大，儿童的自然要小很多。本书中展示的枕顶套统统为小孩用的，枕为长条形，中间带套，内装棉花或荞麦皮等填充物。在中国的陕西、山西最为多见，是家家户户的必备之品。

暗八仙儿童枕顶套

一路连科儿童枕顶套

二式打子绣儿童枕顶套

年代　清末民初
地区　浙江宁波、温州

蓝花布猪枕

年代　民国
地区　山东

猪为十二生肖之末，是古时人们尊崇的图腾。

在民间，猪是丰收与财富的象征。旧时每逢赶考应试，店家便以熟猪蹄接待考生，因"熟蹄"与"熟题"谐音，此举有祝考生熟悉考题、顺利应试的寓意。"猪"谐音"诸"，又有"诸事如意"的含义。

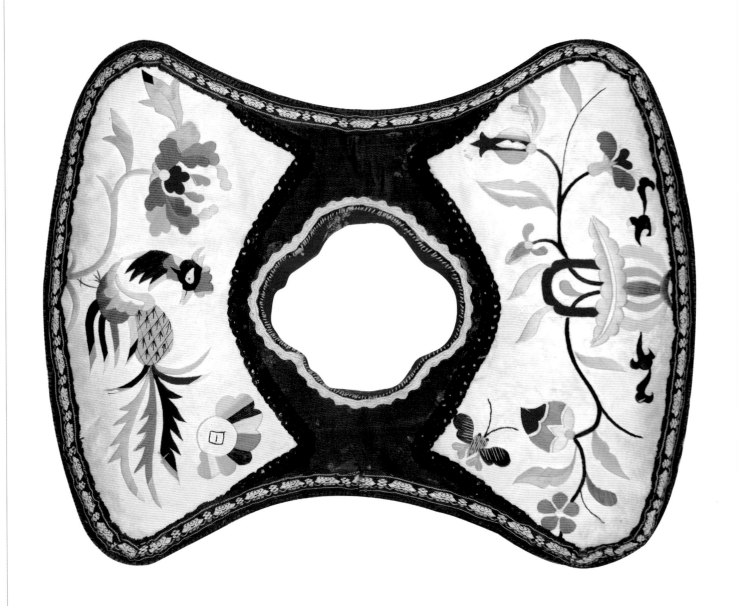

平针绣凤穿牡丹耳枕

年代　民国
地区　山东

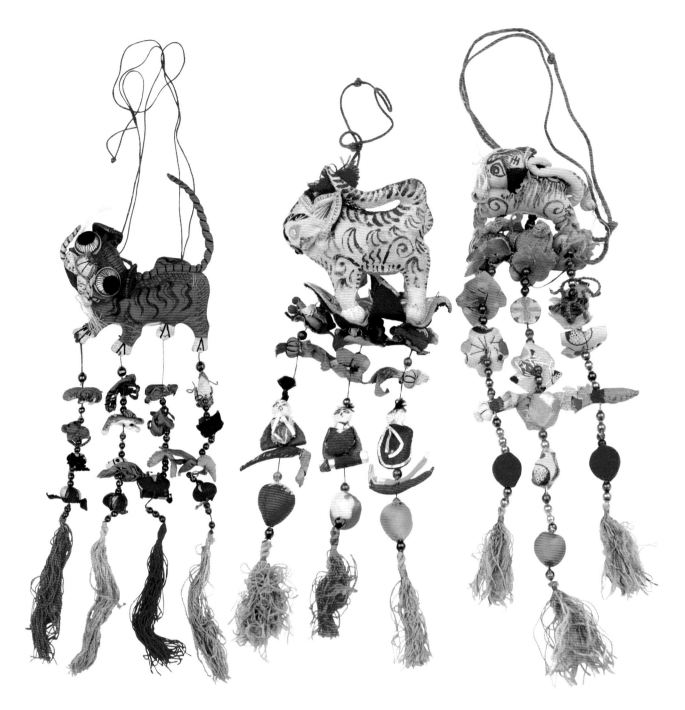

三式虎镇五毒挂件

年代　近代
地区　山西

　　这是虎踩五毒的挂饰玩具，主要流行于陕西和山西。既是玩具又是艺术品，可爱的小老虎下坠搭配了五颜六色的流苏和小吉祥物。虎的造型数千年来一直伴随着中华民族发展壮大，虎的艺术造型多姿多彩，它既有一定的规律又可自由发挥。民间各种虎的艺术造型是中华民族的财富，也是民间艺术对虎的尽情发挥。它不只是一件具有审美意义的物件，更是自古以来华夏民族对虎文化的传承延续。

　　头上戴着虎头帽，颈上围着虎围涎，肚上系着虎肚兜，脚下穿着虎头鞋，睡觉时枕着虎头枕，整个用虎把一个孩子武装了起来。这不仅反映了延续在儿童身上的虎崇拜，更反映了虎文化在民俗中的重要位置。千百年来，人类为了生存，在向大自然索取中遇到了重重灾难，崇天地、崇鬼神、求助镇灾的象征物及神力的形式层出不穷，而虎在吉祥文化中镇宅、驱邪、消灾以及成为孩子的保护神。中国百姓对虎的认同，而且用虎来武装孩子，远远超过了自然虎的威力，成为百姓心中无所不能的神灵。这一文化现象确实值得研究。

虎镇五毒挂件

年代 近代
地区 山西

织绣品

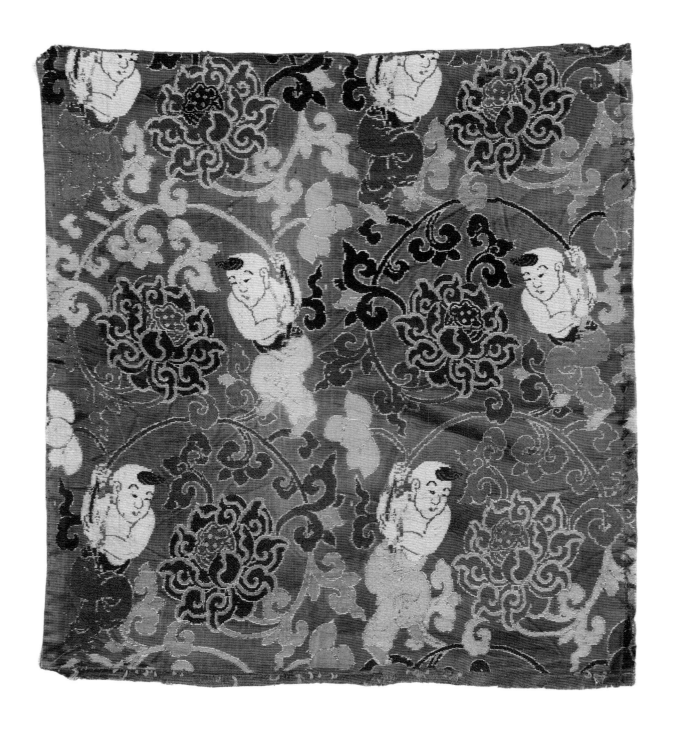

连生贵子织锦垫面

年代　清代晚期

　　中国人只要有喜庆的事就喜欢讨"口彩"，并善用汉语的文字，其中之一便是汉语的谐音。因为汉语中有许多音相同、字义相异的字，利用汉语中的谐音可以作为某种吉祥寓意的表达方式。这在中国的吉祥图案中的运用十分普遍，这就是中国人对艺术品的情趣所在和所爱。

　　连生贵子，以"莲花"谐音"连"，以"笙"谐音"生"，寓意"连生贵子"。也就是说，中国的传统图案都是有特殊寓意的，更多的是对美好幸福生活的向往。正因如此，它从图腾时代的几千年前一直流行至今。如"瓜瓞绵绵""榴开百子""娃娃坐莲""鱼戏莲花"等在中国民间最为流行的生育求子纹样，寓意子孙繁衍昌盛、儿孙满堂、后继有人。而且这些纹样构图别致、色彩鲜明，很有装饰效果。无论在中国的上流社会还是民间都深受人们的喜爱且流行广泛。

织绣品

红缎地婴戏图刺绣挂帘

年代　清代中期
尺寸　长 135 厘米　宽 90 厘米

　　庭院中十二个可爱的孩童嬉戏玩耍手中的玩具，所玩游戏皆有寓意吉祥、洪福齐天、官运亨通、一帆风顺、平安富贵等吉祥含义。其中有童子拉车、车上放的是冠帽，寓意辈辈作官，子孙昌盛等天伦之乐的热闹场景。
　　整幅全场景图案全部采用平针绣的各种不同针法变化绣成。

黄缎地婴戏图刺绣挂帘

年代　清代中期

　　本婴戏图为长方形，淡黄素缎地，绣图案为婴戏图，楼台亭园中坐执扇仕女并有侍从立与两边。园中太湖石边有梧桐苍翠，菊花牡丹盛放，可爱的孩童嬉戏其中，天真烂漫，一派安逸欢乐的景象。图案和谐，针法细腻，绣工精细，色泽富丽而层次感强，尤其是颜色搭配典雅大方和谐之美，保存完好极为难得。此作品不是一般家庭所用，应是清代宫廷贵族所用。

织绣品

百子图刺绣挂帐

年代　清末民初

　　中国人受古代传统观念的影响很深，认为孩子是一个家庭的希望，也是一个美满家庭的祈盼。祈盼婚后尽快喜得贵子，连生贵子，多子多孙，人丁兴旺，只有儿孙满堂，才能世代延续，因此有关百子图的吉祥图案在织绣、建筑、金银首饰等中运用十分普遍。

　　传说周文王有九十九个儿子，加上他在路边捡的一个儿子，正好是一百个，故有"文王生百子"之说。古代有很多"百子图"流传至今，百子的典故最早出于《诗经》，就是赞颂周文王子孙众多的。百子图有好几种名称，有百子迎福图、百子喜春图、百子戏春图等，而中国的泸州就有很多有关百子图的建筑与传说。

　　自古以来，百子纹样的织绣品在新娘的嫁妆中尤为普遍，衣装上用的是百子图，锦缎被面、褥面上用的也是百子图，蕴含喜庆，祝福新娘早得贵子、子孙满堂，亲朋好友也大多赠送带有百子图的锦缎被面当贺礼。

　　这件百子图挂帐采用刺绣手法制作而成，人物场面宏大，内容丰富，儿童行姿百态，有舞龙的、舞狮子的、舞花灯的、捉迷藏的等，快乐玩耍，充满童趣，把儿童那天真、调皮、好动、可爱的神态，表现得淋漓尽致，欢快活泼的画面表达了古人祈求多子多福的美好愿望。

【局部】

织绣品

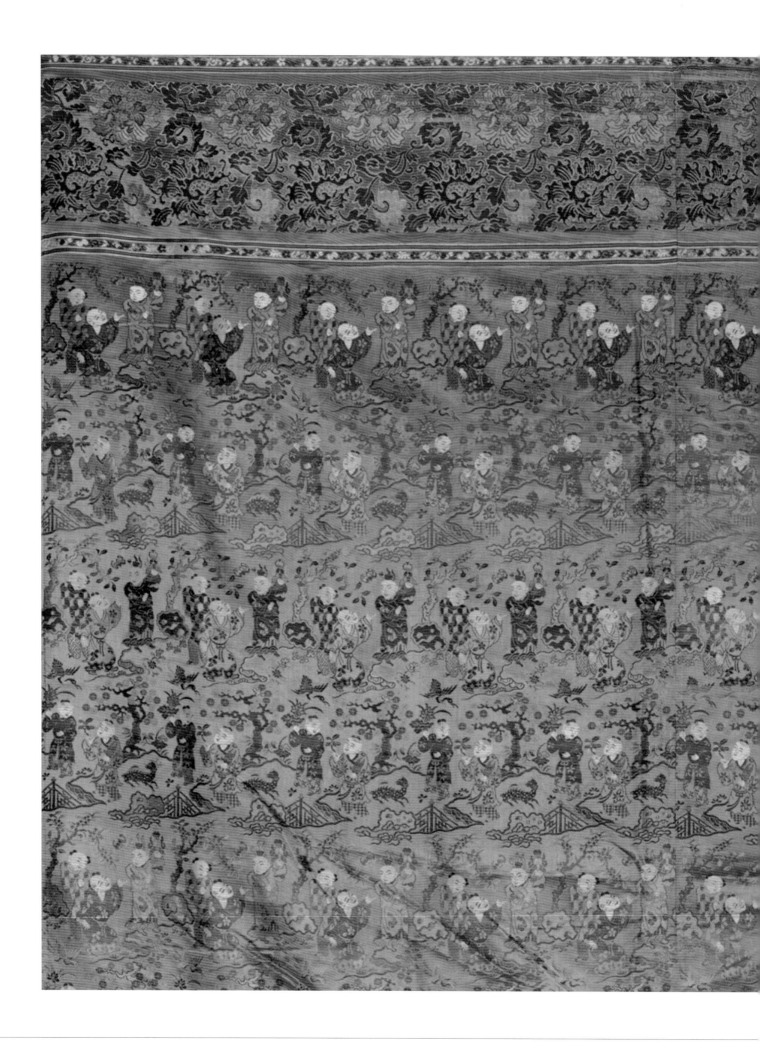

五子夺魁织锦被面

年代　清代中期

　　"五子夺魁"在很多艺术品中是最常见的吉祥图案，尤其在织绣、年画中表现运用最多，到后来又演化为"教五子""五子登科""五子高升"等意义相近的吉祥图案。各地"五子夺魁"的构图基本上大同小异，但各地的"五子夺魁"传说故事却往往有不同的说法。在历史传说、戏剧、评书中多有不同演绎，在中国民间流传深入人心。

　　但最为有影响的还是后晋幽州窦燕山的"五子登科"传说因载入了中国传统文化的《三字经》而广为流传。凡是读过《三字经》的人都知道有这样的四句："窦燕山，有义方。教五子，名俱扬"。窦燕山就是窦禹钧，是五代后晋时幽州人，因为幽州属燕，故名燕山，窦禹钧教子有方，五个儿子相继在科举中取得优异成绩，为官朝中，被后人传为佳话。它的图案均以五个可爱的儿童展开，创造了一个吉祥祝福的欢乐场面，这些儿童图案也被人们称为婴戏图。

　　图中一儿童手持头盔，另有四个儿童围绕争抢，魁即魁首，第一的意思，盔与"魁"谐音，图中夺盔者即象征高中状元。夺魁中状元，这种"望子成龙"的愿望至今仍是中国父母的一大情结。

连生贵子织锦被面

年代　清代中期

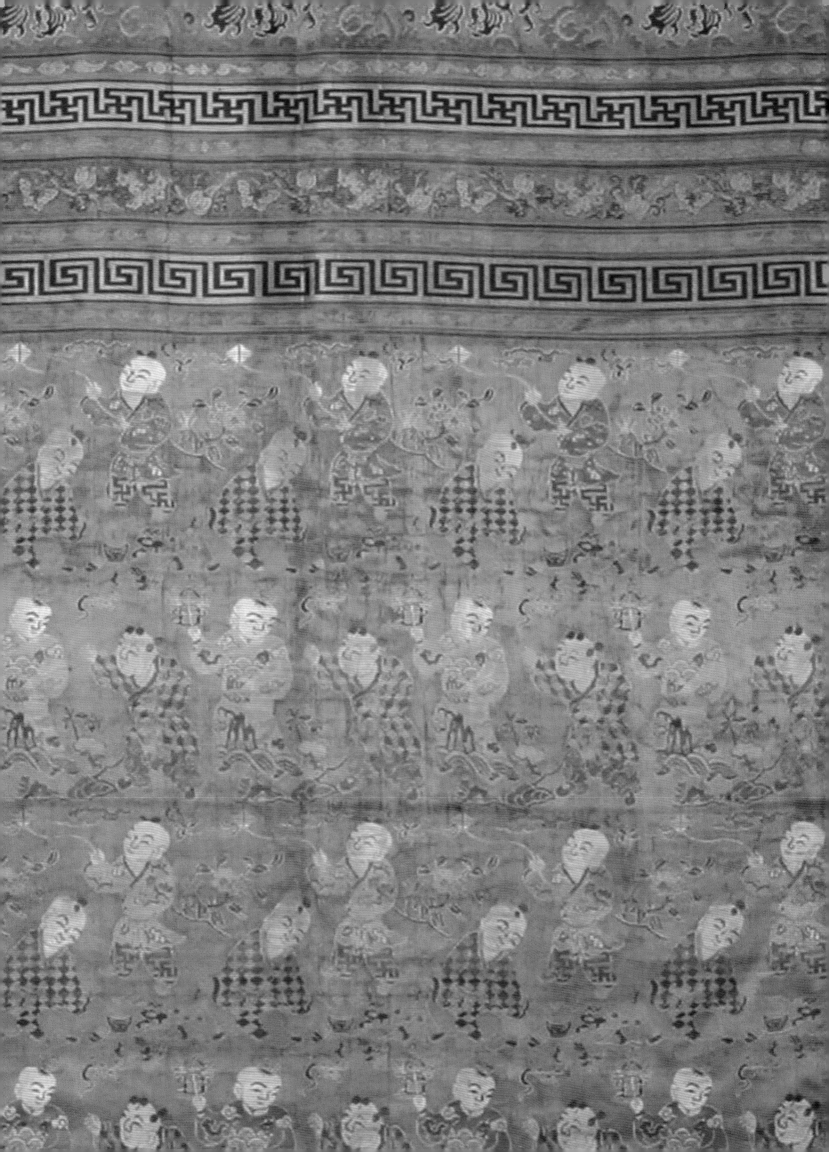

连生贵子织锦褥面

年代　清代晚期

老照片

老照片之一

年代　清末民初

　　老照片不仅是那个时代中国人文景观的见证，同时也是展示早期摄影技术的重要资料。老照片不仅留住了历史的瞬间，也为现今的我们留下了一笔可贵而又丰厚的文化遗产。老照片有着独特的历史意义，是重现那个时代风貌的第一手资料，具有真实的重要价值。

　　虽然这些老照片已过了一个多世纪，但我们仍然能从不同角度了解、看到涵盖了那个时代的人物、家庭、着装打扮以及人文景观。

老照片之二

年代　清末民初

　　摄影技术于19世纪初诞生，从此世间便留下了真实的、艺术的、美妙的、不可抹去的历史记录。它伴随着1840年的鸦片战争，被西方人士带入了中国。然而摄影技术对于当时的中国人来说是一种神秘而不可理解的新鲜玩意，也是一种比较奢侈的消费。该老照片左边的女孩头戴相公帽，颈戴长命锁；右边的男孩头戴瓜皮帽，上身穿一字襟小坎肩。这张老照片有幸让我们欣赏到在当时历史背景下生活的真实影像。

老照片之三

年代　清末民国

　　老照片是反映并记录当时社会生活面貌的重要依据。老照片涉猎很广，涵盖了方方面面，有风景、人物、建筑、市井各个不同的视角。有关家庭的老照片要相对多一些，但真正留到今日的的确很少，大多均为民国和新中国成立前后的，清代的少之又少。从照片中妇女的衣装看已是清末时期，两个可爱的孩童一左一右依偎在妇人身旁。儿童头戴绣花帽，两只炯炯有神的眼睛注视着摄影机，留下了这一瞬间很温暖的影像。

老照片

老照片之四

年代　清末民初

照相机的发明改变了世界，改变了人们的生活。但在摄影技术还没有传入中国之前，我们所能看到的历代人物，包括皇帝大臣、平民百姓的容貌，均为画家们所作的肖像画。这类肖像是真如其人，还是完全出于想象，不得而知，但与照相机记录下来的真实面貌还是有差距的，因此老照片是最真实的面貌，是无法改变的。

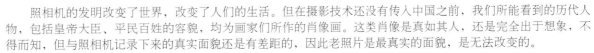

老照片之五

年代　清末民国

　　摄影技术最早于 19 世纪从海外传入中国的广州、上海、北京等城市，而后外国摄影师在中国开设照相馆。后来国人学到了这一技术，照相馆逐渐从广州、上海、北京等城市开设到其他中小城市。

老照片之六

年代　民国

　　这些老照片为我们记录了当时的风土人情，也是当时中国社会生活中最真实的写照。这些珍贵的影像资料，让我们从一个侧面很好地了解了百年前的中国历史和文化。图中一个大女孩背着一个熟睡的婴儿，婴儿头戴虎头帽，像是姐姐为妈妈照料弟弟的影像。这张照片非常清晰地记录了当时的生活环境，亦是人文景观的见证。

老照片之七

年代　清末民国

　　进入 19 世纪以后，西洋文化逐渐渗透中国很多行业，并深刻影响了中国近代历史的进程。中国与西洋这两种不同的文明由此在一种错综复杂的情形下进行交流与对话，很多外国摄影师不断来到中国，并在中国的大江南北一些重要城市，开创了拍照、摄影这一生意行道。因此，民间很多"全家福"就是在这种情况下普及开的，能传承到今天也着实不易。

老照片之八

年代 清末民国

这张全家福照片，形象地反映了当时社会人们的穿着打扮。母亲抱着头戴绣花虎头帽的幼儿，父亲身前的孩子穿着的马甲也叫坎肩。如果没有这些老照片作为凭证，当今人们很难了解当时人们的服饰、头饰、穿戴，因此这些老照片给我们提供了十分珍贵的影像资料和人物的真实面貌，成为近代服饰文化研究著书立传最有说服力的宝贵文献。

老照片之九

年代　清末

儿童是一个家族、一个民族的延续。

香火，代表的是后继有人；香火不断，形容家族的繁衍兴盛。因此，在中国的吉祥图案中有很多都是有关儿童的图案，如最常见的"连生贵子""松鼠葡萄""瓜瓞绵绵""榴开百子""麒麟送子"等很多都是有关子孙繁衍昌盛的吉祥图案。

留存至今的老照片虽然不少，但黑白照片居多，彩色的并不多，只有一些大的照相馆能够在照片上加色，包括故宫收藏的照片资料也是黑白照片占据了相当大的部分。清代晚期慈禧太后的照片留存至今的最多，但彩色的也很少，再有均是皇家贵族大臣的照片，这些照片真实地记录了19世纪中后期中国的社会面貌，也让我们有幸欣赏到这些不同时代的影像。国家文物部门曾把故宫珍藏已久的人物照片著书公诸于世，就是让有关方面的学者和专家们参考研究的，即《故宫珍藏人物照片荟萃》一书。正是这本书给了笔者很大启发，只可惜书中有关儿童的照片太少了。

参考文献

[1] 田自秉，吴淑生，田青 . 中国纹样史 [M]. 北京：高等教育出版社，2003.

[2] 杨先让，杨阳 . 民间黄河 [M]. 北京：新星出版社，2005.

[3] 高春明 . 中国服饰名物考 [M]. 上海：上海文化出版社，2001.

[4] 袁仄，蒋玉秋 . 民间服饰 [M]. 石家庄：河北少年儿童出版社，2007.

[5] 王杭生，蓝先琳 . 中国吉祥图典（上／下）[M]. 北京：科学技术出版社，2004.

[6] 李友友 . 民间枕顶 [M]. 北京：中国轻工业出版社，2007.

[7] 李友友，张静娟 . 刺绣之旅 [M]. 北京：中国旅游出版社，2007.

[8] 韩振武，等 . 中国民间吉祥物 [M]. 北京：中国旅游出版社，1995.

[9] 王连海 . 中国民间艺术品鉴赏 [M]. 济南：山东科学技术出版社，2001.

[10] 崔荣荣，张竞琼 . 近代汉族民间服饰全集 [M]. 北京：中国轻工业出版社，2009.

参考文献

后　记

　　"中国艺术品典藏系列丛书"的最后一部《中国传统服饰儿童服装》终于写完了，如释重负。对于笔者而言，是完成了一项重要的委托和任务，顿时觉得浑身轻松了很多。

　　本书中展示的传统亲情的儿童服饰，是笔者多年的收藏，在箱子里躺了也有二三十年。其间，我常常会把它们拿出来，放在眼前，爱不释手地细细品味、细细欣赏、细细揣摩上面的图案。这些美丽的图案，诉说着美好的传说、动人的故事，寄托了人们的希望与祝福。每件服饰都凝聚着母亲的心、母亲的爱、母亲对孩子们的那种无私的呵护，那针针线线里的期望，深深地打动了我，母亲对孩子的爱，是孩子永远报答不了的恩情。书中那些小肚兜、小云肩、老虎鞋、老虎帽、老虎围涎、老虎裙褡等，无不体现着天下父母之慈心。尽管有的已经相当陈旧，却散发着诱人的芳香。

　　这是儿时成长的纪念，这是童年的回忆。它总给人留下一些难忘的情怀，那就是凝聚着人类对生命的崇尚和特有的审美情趣。如果能将这些不同名称的饰品一一展现出来，那么大的是成人的，小的便是儿童的，这就是儿童与人类、儿童服饰与全民的关系。无论何时何地，只要是大人有的，儿童就有。其实，儿童服饰、礼俗在各个时期、各个地区都是人类活动的主要内容，是时代文化、地域习俗和社会形态的综合标志，也是对一个家庭、一个氏族的历史见证。同时，又是文化艺术、思想观念、时代风俗和地域特点最好的说明，以至形成了多姿多彩、错综复杂的独有形式。

　　在撰写这部书的过程中，碰到了很多难以解读的图案，有些虽然作了解读，但从深度上还不够明确，因此对于笔者也是一个再学习的机会。每写一部书都会掌握一些新的知识，了解一些吉祥图案的寓意，提高自己的写作水平和认知能力，尤其是受深含在其中的淳朴画面和美好寓意的鼓舞，使笔者更加有信心来完成这部书的创作。

　　在写作的时候，拍照是最费工夫的，思索如何摆放、如何摆出最好的效果……常常三更半夜才能入睡。将这些藏品一一摆在眼前，分门别类，精挑细选，摆弄着这些小服饰，真是爱不释手，仿佛看到了那些光着屁股穿着红肚兜的孩子们，他们或牙牙学语，或偎依在母亲的怀里，或步履蹒跚、攀爬移步，真是无比的活泼、烂漫、天真。这时会有很多念头浮现在眼前，所以三更半夜了，仍没有睡意。再一遐想，窗外已露出了鱼肚白——天亮了。虽然有时候工作很紧张，但并没觉得有多累，总觉得时间过得太快，不够用。每一部书都是如此，不知不觉竟已习惯了。因此有了这样的体会，只要是喜欢做的事，就不觉得累，即使疲惫，仍觉得是快乐的。这就是中华文化的魅力所在。

　　中国传统服饰已在这块广博的大地上毫不动摇地流传了几千年。这就是根，只要把根留住，它的文化就在，它就会继续发扬光大。

　　图书市场中也有一些反映传统儿童服饰的书。笔者的这部书只是书海中的一滴水，权算是为传统文化再添一点色彩，再添一本有关母子亲情的续集吧！由于时间及知识所限，敬请专家学者和同仁们批评指正，并提出宝贵意见。在这里，真诚感谢中国纺织出版社的大力支持及认真负责的态度，感谢给予笔者勇气写这部书的朋友、同仁们的鼓励与支持！

王金华

2016 年 7 月于北京

作者简介

　　王金华，1952年出生于北京。1968年初中毕业后，到山西夏县插队。1975年就职于铁路行业。由于酷爱古典文化，工作之余热衷研读地方志、史书，收集民间传统艺术品。20世纪80年代末，毅然辞去二十余年安身立命的铁路工作，专事古玩的收、卖、研，逐渐成为中国传统织绣和银饰文化的藏品大家。目前，珍藏服装、云肩、枕顶等丝织品上千件，簪、钗、冠、手镯、长命锁等首饰上千件，且藏量大、品种丰富、品相较好，具有极高的研究价值。

　　作者行事专注、刻苦钻研，在明清服装和银饰的研究方面尤见成效，并心系传统文化的研究、保护、传播与传承，创办了"雅俗艺术苑"，为广大艺术品研究者、爱好者提供了一个小小的文化交流平台。同时，还为各地博物馆的筹建、各类藏品的展览以及学者专家的著书等提供了大量的藏品和相关图片。

　　凭借丰富的藏品、渊博的收藏知识、独到的鉴别经验，对文物实业界和文物学术界均有一定影响和贡献。曾任工商联中华全国古玩业商会常务理事、北京古玩城商会古典织绣研究会会长、北京古玩城私营个体经济协会副会长。

　　二十年间，陆续出版了《中国民间绣荷包》《中国民俗艺术品鉴赏刺绣卷》《民间银饰》《图说清代女子服饰》《图说清代吉祥佩饰》《中国传统首饰》（上、下册）、《中国传统首饰　簪钗冠》（获第五届中华优秀出版物奖图书提名奖）、《中国传统首饰　手镯戒指耳饰》《中国传统首饰　长命锁与挂饰》《中国传统服饰　清代服装》《中国传统服饰　绣荷包》《中国传统服饰　云肩肚兜》《中国传统服饰　儿童服装》等书籍。其中有几部曾多次重印，有几部还译成英、德、法等文字，在多个国家热销。近期，又将有几部专业新著陆续面世。